U0181349

bauing

中华人民共和国成立 70 周年建筑装饰行业献礼

宝鹰装饰精品

中国建筑装饰协会　组织编写
深圳市宝鹰建设集团股份有限公司　编著

中国建筑工业出版社

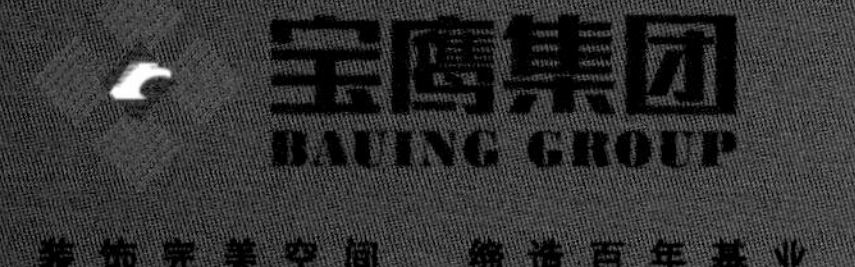

宝鹰

中华人民共和国成立 70 周年建筑装饰行业献礼

bauing group

以工匠精神缔造建筑精品
以人文理念引领企业发展
以管理创新驱动企业成长

editorial board

丛书编委会

顾　问　马挺贵　中国建筑装饰协会　名誉会长

主　任　刘晓一　中国建筑装饰协会　执行会长兼秘书长

委　员　王本明　中国建筑装饰协会　总经济师

古少波　深圳市宝鹰建设集团股份有限公司　董事长

顾伟文　上海新丽装饰工程有限公司　董事长

吴　晞　北京清尚建筑装饰工程有限公司　董事长

叶德才　德才装饰股份有限公司　董事长

庄其铮　建峰建设集团股份有限公司　董事长

何　宁　北京弘高创意建筑设计股份有限公司　董事长

杨建强　东亚装饰股份有限公司　董事长

李介平　深圳瑞和建筑装饰股份有限公司　董事长

王汉林　金螳螂建筑装饰股份有限公司　董事长

赵纪峰　山东天元装饰工程有限公司　总经理

刘凯声　天津华惠安信装饰工程有限公司　总经理

陈　鹏　中建深圳装饰有限公司　董事长

孟建国　北京筑邦建筑装饰工程有限公司　董事长

王秀侠　北京侨信装饰工程有限公司　总经理

朱　斌　上海全筑建筑装饰集团股份有限公司　董事长

陈　略　神州长城国际工程有限公司　董事长

本书编委会

总指导　刘晓一

总审稿　王本明

主　编　古少波

副主编　成湘文　于泳波　余少潜　古　朴　王建国

编　委　许　平　陈贵涌　陈　龙　戴　宏

温林树　庄西湖　叶石坚　钟志刚

陶　菁　董　宾　严军勇　陈国松

杨　静　张万阳　胡伟军　易福林

徐宗华　高　升　周贵平　戴　夏

刘　勇　陈克顺　于洋波

foreword

序一

中国建筑装饰协会名誉会长
马挺贵

伴随着改革开放的步伐，中国建筑装饰行业这一具有政治、经济、文化意义的传统行业焕发了青春，得到了蓬勃发展。建筑装饰行业已成为年产值数万亿元、吸纳劳动力 1600 多万人，并持续实现较高增长速度、在社会经济发展中发挥基础性作用的支柱型行业，成为名副其实的“资源永续、业态常青”的行业。

中国建筑装饰行业的发展，不仅有着坚实的社会思想、经济实力及技术发展的基础，更有行业从业者队伍的奋勇拼搏、敢于创新、精益求精的社会责任担当。建筑装饰行业的发展，不仅彰显了我国经济发展的辉煌，也是中华人民共和国成立 70 周年，尤其是改革开放 40 多年发展的一笔宝贵的财富，值得认真总结、大力弘扬，以便更好地激励行业不断迈向新的高度，为建设富强、美丽的中国再立新功。

本套丛书是由中国建筑装饰协会和中国建筑工业出版社合作，共同组织编撰的一套展现中华人民共和国成立 70 周年来，中国建筑装饰行业取得辉煌成就的专业科技类书籍。本套丛书系统总结了行业内优秀企业的工程施工技艺，这在行业中是第一次，也是行业内一件非常有意义的大事，是行业深入贯彻落实习近平社会主义新时期理论和创新发展战略，提高服务意识和能力的具体行动。

本套丛书集中展现了中华人民共和国成立 70 周年，尤其是改革开放 40 多年来，中国建筑装饰行业领军大企业的发展历程，具体展现了优秀企业在管理理念升华、技术创新发展与完善方面取得的具体成果。本套丛书的出版是对优秀企业和企业家的褒奖，也是对行业技术创新与发展的有力推动，对建设中国特色社会主义现代化强国有着重要的现实意义。

感谢中国建筑装饰协会秘书处和中国建筑工业出版社以及参编企业相关同志的辛勤劳动，并祝中国建筑装饰行业健康、可持续发展。

序二

中国建筑装饰协会执行会长兼秘书长
刘晓一

为了庆祝中华人民共和国成立 70 周年，中国建筑装饰协会和中国建筑工业出版社合作，于 2017 年 4 月决定出版一套以行业内优秀企业为主体的、展现我国建筑装饰成果的丛书，并作为协会的一项重要工作任务，派出了专人负责筹划、组织，以推动此项工作顺利进行。在出版社的强力支持下，经过参编企业和协会秘书处一年多的共同努力，该套丛书目前已经开始陆续出版发行了。

建筑装饰行业是一个与国民经济各部门紧密联系、与人民福祉密切相关、高度展现国家发展成就的基础行业，在国民经济与社会发展中发挥着极为重要的作用。中华人民共和国成立 70 周年，尤其是改革开放 40 多年来，我国建筑装饰行业在全体从业者的共同努力下，紧跟国家发展步伐，全面顺应国家发展战略，取得了辉煌成就。本丛书就是一套反映建筑装饰企业发展在管理、科技方面取得具体成果的书籍，不仅是对以往成果的总结，更有推动行业今后发展的战略意义。

党的十八大之后，我国经济发展进入新常态。在创新、协调、绿色、开放、共享的新发展理念指导下，我国经济已经进入供给侧结构性改革的新发展阶段。中国特色社会主义建设进入新时期后，为建筑装饰行业发展提供了新的机遇和空间，企业也面临着新的挑战，必须进行新探索。其中动能转换、模式创新、互联网 +、国际产能合作等建筑装饰企业发展的新思路、新举措，将成为推动企业发展的新动力。

党的十九大提出“人民日益增长的美好生活需要和不平衡不充分的发展之间的矛盾”是当前我国社会主要矛盾，这对建筑装饰行业与企业发展提出新的要求。人民对环境质量要求的不断提升，互联网、物联网等网络信息技术的普及应用，建筑技术、建筑形态、建筑材料的发展，推动工程项目管理转型升级、提质增效、培育和弘扬工匠精神等，都是当前建筑装饰企业极为关心的重大课题。

本套丛书以业内优秀企业建设的具体工程项目为载体，直接或间接地展现对行业、企业、项目管理、技术创新发展等方面的思考心得、行动方案和经验收获，对在决胜全面建成小康社会，实现“两个一百年”奋斗目标中实现建筑装饰行业的健康、可持续发展，具有重要的学习与借鉴意义。

愿行业广大从业者能从本套丛书中汲取营养和能量，使本套丛书成为推动建筑装饰行业发展的助推器和润滑剂。

bauing group

走近宝鹰

“十三五”期间，我国经济发展进入新常态，经济结构优化升级，驱动力由投资驱动转向创新驱动。新型城镇化建设、京津冀协调发展、长江经济带动发展、粤港澳大湾区建设和“一带一路”建设，成为建筑业发展的宝贵机遇和重要推动力。伴随着国内经济结构性改革逐步深化，建筑装饰行业在这场改革声中一路高歌猛进。

深圳，作为改革初期最具发展潜力的城市，吸引了一大批“淘金者”前来。40 年风云激荡，旧貌换新颜。这块广袤的土地催生了无数敢想敢拼的创业者。宝鹰，也从默默无闻的一家小型企业成为深圳改革开放中的一股中坚力量。

以工匠精神缔造建筑精品 > > >

宝鹰集团成立于 1994 年，是最早一批从事建筑装饰工程业务的企业之一，也是全国领先的综合建筑装饰工程承建商，凭借着齐全的专业资质、强大的综合实力和市场竞争力日益在行业中确立了自己的领先位置。

在发展过程中，宝鹰集团以打造“精品工程”为抓手，着力打造公共文化工程、体育场馆工程、高档酒店工程、机场地铁工程、医院装修工程、住宅精装工程六大拳头产品，业务网络遍布全国并逐步走向世界，在国际建筑领域中大放异彩。国内网络覆盖除台湾地区以外的华中、华东、华南、华西、华北五大区域，在北京、上海、武汉、广州、昆明、成都等地成立了分支机构，并在各大城市设立了业务联络点，在业界形成了分类明确、各有特色的产品品牌体系。

凭借着雄厚的品牌和资质竞争优势、专业工程竞争优势、人才竞争优势、管理竞争优势、营销竞争优势以及企业文化与艺术营销竞争优势，宝鹰集团相继打造了国家会议中心、武汉国际博览中心、武汉天河国际机场、深圳大运会体育场馆、天津医科大学总医院、山西图书馆等一系列著名、优秀的经典工程。近年来，获得全国建设工程鲁班奖、全国建筑工程装饰奖、全国建筑工程幕墙奖、省市级优质工程奖（施工、设计）上百项次。令客户满意的设计理念、精益求精的施工工艺、科学完善的公司管理，造就了公司在中国建筑装饰行业领先的竞争地位。

以人文理念引领企业发展 > > >

心中有信仰，发展有力量。20 多年的风雨历程、艰苦创业为宝鹰集团积淀了优秀的企业文化，铸就了独特的企业之魂。公司积极以党建文化、新时代社会主义核心价值观、中华优秀传统文化等为重要内涵引领企业价值观的建设，让企业文化建设导向诚信为上、互利共赢、义利共生、社会效益与经济效益结合的新时代商业文明。并且长期积极贯彻“诚信宝鹰、质量宝鹰、效益宝鹰、人文宝鹰”的发展要求，形成了以“智、敏、勇”为特色的宝鹰文化内涵。

2012 年底，公司在行业内率先创立“宝鹰讲堂”，以保护和传播传承中国传统文化、鼓励科技与创新为宗旨，多次邀请国内外著名科技人文学者莅临讲学。2015 年 11 月 7 日起，与广东外语外贸大学建立了战略合作关系，为企业的全球化发展计划储备了充足的人文能量。

2014 年 6 月 9 日起，与广西水利电力职业技术学院联合创新“校企协同育人模式”，培养了一大批学有所成的人才，并于 2017 年荣获广西壮族自治区教育厅颁发的职业教育成果二等奖。

宝鹰集团通过丰富的内涵、生动有效的形式推进了企业人文建设；通过不懈地贯彻学习、培育熏陶，产生了显著的企业人文培育成果，不断提升了公司“团结、务实、奋斗、卓越”的企业品格，提高了公司团队的战斗力与创造力。

< < < 以管理创新驱动企业成长

为使管理逐步走向人性化、知识化、柔性化、信息化，在管理创新中，公司制定了“三从三聚”的管理理念，分别是从“三拍管理”向“量化管理”的管理方向改变、从“碎片管理”向“系统管理”的管理层次升级、从“经验驱动”向“创新驱动”的管理模式转换，聚焦顾客、聚焦产品、聚焦品牌。通过“三从三聚”这一现代化管理创新改变，公司在多个方面有着显著的提升。

在质量管理上，公司积极采用“工厂化生产、规范化管理、装配化施工”的标准化生产管理模式，针对目前在建项目数量多、地域分布广的特点，对施工现场进行扁平化管理，每个工程团队配备专员监督并专设质量安全监督部门，配备专业人员不定期巡查各施工现场，对施工人员进行指导，使用三检制来把控现场的质量、安全隐患，并跟进整改，对工程的准备、实施、收尾阶段进行有效的结合控制，不断完善施工流程，使工程质量得到可靠有力的保障。

在技术创新方面，公司设立了工业化、技术研发、设计研发三大中心，致力于利用新技术促进传统装饰行业的转型升级、科技成果转化、创新科技孵化、产业资本对接、产业结构升级。在工业化中心，提供实验场地，对石材、玻璃、木制品、幕墙等设备进行技术升级。在技术研发中心，不断提高 BIM 技术的使用水平，利用 BIM 管理优势，提高沟通和协调能力、经济效益、管理水平及降低资源消耗。在设计研发中心上，利用技术升级，不断提高公司的设计水平。

< < < 以资本运作实现多元化发展

在 20 多年的企业运营过程中，宝鹰集团始终稳抓质量品质，借助资本外力，加速产业结构布局转型，实现跨越式发展。特别是于 2013 年登陆资本市场以后，根据行业特性适时调整公司发展战略，规划三大运营主线并展开了有效运作，以逐步增强公司的整体资产质量、经营管理水平、盈利能力，塑造更为良好的资本市场形象。

一是大力发展国内综合建筑装饰业务，做大做强主营业务，进一步强化企业管理、完善营销网络、厚植工匠文化、打造精品工程，有效推进互联网家装和整体家居宅配业务。

二是持续培育高新技术产业。一方面推动公司主营业务往战略纵深方向延伸和发展；另一方面不断增强科技人才储备和运营科技企业能力，夯实由传统产业向高科技产业转型升级的各项软硬件基础，进而推动公司战略发展的转型升级。

三是积极响应国家“一带一路”倡议，深耕“一带一路”沿线市场，扎实有效地推进公司海外市场的开拓，实现主营业务的增量发展，以实现公司“二次创业、二次腾飞”的宏伟目标。

勇抓“一带一路”倡议契机 > > >

早在 2010 年，宝鹰集团就已经成立了西班牙项目部，并展开有效的业务运作，系统总结了西班牙项目部的经验，并借鉴当时同行业跨国运作项目的典型案例，提出了开拓海外市场的想法。在印度尼西亚进行实地考察调研，寻找合适的发展机会。

此时，恰逢国家主席习近平提出“一带一路”伟大倡议，宝鹰集团更加确定目标。经过充分研究，制定了开拓海外市场的“三步走”战略：一是充分调研海外市场，制定“走出去”实施方案；二是与当地企业战略合作，使海外战略方案正式落地；三是重视海外文化交流，以人文交流促进经贸合作。

4 年来，宝鹰集团始终深耕“一带一路”沿线国家基建市场，海外市场版图终成雏形，建筑设计、建筑装饰设计与施工、智慧城市业务覆盖欧洲、东盟、中亚、西非、澳洲建筑装饰市场，积累了丰富的海外基础设施建设施工经验和市场开拓经验。在深耕“一带一路”倡议的同时，宝鹰集团高度重视国际品牌声誉的塑造和积淀。在走向国际的过程中，宝鹰集团亦充分认识到文化交流的重要性。无独有偶，2015 年 3 月，中国外交部长王毅在博鳌亚洲论坛上强调，要着力推进人文交流，让中国—东盟关系走得更近更亲。走进印度尼西亚后的宝鹰集团，抓住机遇，相继与印度尼西亚教育部、印度尼西亚文化旅游部、印度尼西亚统筹部、印度尼西亚工商会馆等政商界组织一起主办“21 世纪海上丝绸之路文化交流印尼行”系列活动，包括印尼宝鹰中国书画邀请展、电视剧巨作《亲亲中国爹娘》、宝鹰杯国际书画印创作大赛、抗日战争胜利七十周年教育图片展、向印尼红十字会捐赠画展拍卖所得等一系列活动，获得了社会各界的一致好评。

2017 年 11 月，宝鹰集团荣登“中国企业海外形象 20 强”和“最佳海外形象”企业榜单。深圳宝鹰集团作为五家建筑行业代表企业之一，入选“最佳海外形象”建筑业榜单；2018 年 1 月，致力于践行“一带一路”倡议的宝鹰集团再度获得中国—东盟商务理事会、东盟北京委员会认可，获评“2017 中国走进东盟成功企业”，这是宝鹰集团继获评“2015 中国走进东盟十大成功企业”后二度获得相关殊荣。这充分体现了公司的建筑装饰设计与施工水平、国际商业经验和品牌美誉度已得到了海外市场的肯定和认可。

铸造民企装饰品牌 > > >

面对新时期的经济发展形势和政策机遇，围绕公司制定的发展战略和经营目标，把握“一带一路”建设机遇，宝鹰集团坚持精细化管理道路，加强重点市场和项目开发，稳步推进海内外主营业务发展。

◆继续扩大国内市场占有率，强化宝鹰知名品牌

紧紧抓住国家政策和行业趋势，进一步扩大市场占有率 。城镇化的进一步推动将对作为主体项目的城市群形成更大的需求。供给侧结构性调整与优化将促进行业规范化发展。国家出于节能环保的战略考虑，将大力支持住宅精装修产业化。国家大力发展特色小镇建设等政策，将会给建筑装饰行业带来新的行业需求和明显的业务增量。因此，公司将紧随上述政策和趋势，利用资本市场平台和企业运营平台，扎实工作、艰苦奋斗，努力寻求新的业务增长点和利润贡献点，持续扩大市场占有率。此外，公司将在确保装饰主业快速发展的同时，整合幕墙、门窗、智能化、消防、机电设备、钢结构的资源配置，挖掘配套资质的巨大市场潜力，与主业资质形成良性互动，共同发展，为客户提供更完善、更优质、更高效的建筑装饰工程设计施工综合解决方案及承建管理服务。

走专业化、精细化发展道路，不断提高高端市场份额。经过多年发展，公司与万豪、喜达屋、洲际、希尔顿、雅高等高端客户合作，未来公司将继续充分发挥在服务高端客户方面的资源、技术、管理、经验，努力开发和培育更多高端客户，稳步增加业务来源，使其成为公司主要的业务构成。与优质客户建立的长期合作伙伴关系能够进一步为提升公司未来盈利能力作出保障。

以互联网思维提升公司营销网络效率。公司实施“立足深圳、面向全国、走向世界”的经营策略，营销网络已经遍布全国所有省会城市，在全国形成了较为稳定的市场份额。公司将充分吸收和运用互联网思维整合营销网络体系建设，积极打造营销网络共享支持平台，加强资源配置，提升营销网络效率，扩大业务规模以及在全国的品牌影响力。

◆深耕“一带一路”，积极推动海外业务持续发展

随着全球经济稳定增长，发达经济体增长同步回暖，新兴市场保持较高增长态势，基础设施固定资产投资稳步上行。中国提出的“一带一路”倡议已演进成为国际共识，市场发展空间更加广阔。凭借国家“一带一路”战略迅速推进，公司将继续重点关注各区域经济走廊的动向，加强对海外市场的分析研究，进一步积极利用亚投行、丝路基金以及国家对有关地区的专项贷款与合作基金等，利用国家间的合作机会，抓住“一带一路”版图国家的发展机遇，培养国际化团队，大力发展海外业务，极大提升宝鹰品牌的海外影响力。未来几年，公司将继续加快国际化业务平台建设工作，整合集中公司的海外经营优质资源，持续加强对海外项目意向国市场的深耕开拓；要继续乘国家“一带一路”的东风，加速对沿线重点国家的布局，深入挖掘项目信息；对已有投资布局的国家、地区开展深层次的调研和项目挖掘，同时继续发挥各种优势资源发展海外业务平台，深耕“一带一路”市场，积极推动海外业务持续发展，让海外市场业绩在公司整体业绩中的比重进一步提高，强化宝鹰“一带一路”民企急先锋的品牌和地位。

◆推进智慧家居信息化和工业化深度融合

随着居民收入水平的提高，以及对居住环境的逐步重视，消费者对家具的个性化需求日益增加。定制家具凭借对家居空间的高效利用，能充分体现消费者的个性化消费需要、现代感强等特点，成为近年来家具消费领域中新的快速增长点。在消费升级的大背景下，定制家具的消费理念将日益普及，智慧家居产业也将具有广阔的市场前景。

作为业内率先布局配套装饰制品工厂化生产项目的装饰企业，公司倡导行业的规模化、集中化经营，加速整合建筑装饰行业上下游产业链，充分利用子公司、关联公司力量，形成材料生产与供应、装饰设计与施工的产业有机联动，公司凭借客户资源优势，将继续推进家居宅配定制业务的市场开发，积极响应国家战略部署，加快自动化、数字化、智能化技术的应用，全面提升智能制造水平，着力推进智慧家居信息化和工业化深度融合。

◆强化公司设计领域能力，引领主营业务全方位扩展

公司将以建设美好人居环境为使命，以价值创造为核心理念，专注于向客户提供建筑工程设计和相关咨询服务，以公司旗下分别拥有设计研发中心、高文安设计的两大专业设计平台，各有侧重亦在业务领域互为补充，强化公司在设计领域的能力，以设计为先导引领公司主营业务全方位扩展，从规划设计、建筑设计、室内设计、机电设计、幕墙设计、软装设计到工程管理与施工、产品推销、品牌传播，真正实现全设计产业链模式。持续提升公司设计能力，充分发挥其高带动、高引领价值，从而实现项目价值综合最大化。

◆进一步优化团队建设，不断提高队伍的综合素质

公司将根据新时期人才培育和发展的新特点、新趋势，加快完善公司绩效考核体系和激励制度，通过人力资源的合理调配和有效激励，坚持“以人为本”的经营理念，高度重视人力资源的开发和优化配置，在现有的人才基础上，继续推进综合人才战略。一方面对公司内有发展潜能的员工进行发掘和培训；另一方面积极引进外部人才，尤其是中高层次人才，加强对人才的识别、教育、培养和提升，做到内强素质、外树形象；在人才培训方面，继续加强与专业院校尤其是建筑类高校的紧密合作，为公司输送对口人才。此外，公司会进一步完善人才培养机制、人才考核评价机制、人才成长的激励机制，形成奋斗者优先、创新者优先、富有激情者优先的崭新用人格局，以此激发公司干部员工的工作热情，促进骨干队伍建设，留住骨干人才，推动干部队伍的年轻化进程。

◆进一步深入推进企业文化建设

“文化立企”是公司矢志不渝的目标。正向的文化将为企业发展提供强有力的精神支撑。公司将努力探索出一条富有“宝鹰特色”的企业文化道路，并以“文化自信”走出国门、走向世界，为实现中华民族伟大复兴、为构建人类命运共同体而贡献企业的力量。公司未来将在以下几方面深入推进企业文化建设：

一是通过抓好党建工作引领企业文化建设，重点围绕“企业发展促党建、搞好党建促发展”主题，积极贯彻学习习近平新时代中国特色社会主义思想和践行社会主义核心价值观。继续向党组织学习，开展民主生活会，开展批评与自我批评活动，促进员工素质大提升，促进团队大团结，整合企业大力量。

二是通过“宝鹰讲堂”、《宝鹰经纬》等渠道促进文化建设，公司继续邀请导师宣讲中华优秀传统文化。要求员工深刻领会新时代背景下的社会发展大趋势，加强以人文修养为内涵的学习。“天地交而万物通”，要求公司内的团队协作以及与所在地相关方的合作，都应在“人心相通、相互信任”的基础上进行。

三是通过现代企业经营理念的学习，凝聚企业力量。公司将按照“诚信宝鹰、质量宝鹰、效益宝鹰、人文宝鹰”的要求，打造“团结、务实、奋斗、卓越”的企业精神，继续推进“共担、共创、共享”的现代企业理念，促进企业建立“以客户为中心”“以艰苦奋斗者为本”的经营理念，不断促进建立协调、平衡的客户、员工、股东、社会等利益相关者的利益分配机制、体制。

四是通过对以“智、敏、勇”为内涵特征的宝鹰特色文化的不断学习，强调员工善于审时度势，勇于自我否定，勇于掌握本领，勇于改革创新，勇于践行工匠精神。

五是通过企业的人文交流，不断促进公司与国内、国外企业的合作，民心、观念相通，促进企业联通。公司将总结“一带一路”的人文交流经验，通过文化构建的软实力扩大“朋友圈”“生态圈”，为企业增创效益。

总结 2018 年，全球经济将迎来更明显的周期性复苏，各国基建、建筑业领域投资也将持续发力，成为拉动经济增长的引擎，与此同时，“一带一路”倡议和“国际产能合作”不断开拓全球基础设施建设市场新局面，公司也将迎来新一轮的发展契机。

2019 年是公司“战略布局、转型升级”的核心之年，未来五年，公司将进一步落实“战略布局、转型升级”和“以内源性增长促进外延式发展，以外延式发展巩固内源性增长”两大发展战略与经营计划。坚定推进公司三大业务主线发展，积极推动公司综合建筑装饰装修工程设计及施工主营业务深入健康发展，做好国内国际两大业务板块，保证公司业绩稳步增长、知名度持续增高、团队执行力持续增强，努力实现营业收入的更大增加与净利润的快速增长；公司将继续积极利用资本市场平台和企业运营平台夯实基础，保持品牌力、提升市场竞争力，凭借科学清晰的发展战略与经营计划，以及快速落地的判断力与执行力，不断提升公司整体资产质量、经营管理水平，从而巩固和提升公司盈利能力和抗风险能力，为公司在市场广阔的建筑装饰领域打开窗口。

contents

目录

ng group

宝鹰 装饰精品

武汉国际博览中心洲际酒店装饰工程

项目地点

湖北省武汉市汉阳区晴川大道 666 号

工程规模

装修面积 17323m^2

建设单位

武汉新城国际博览中心有限公司

获奖情况

2017 年全国建筑装饰行业科技示范工程奖

2017-2018 年度中国建筑工程装饰奖

社会评价及使用效果

酒店凭借完备的设施，专业会务团队的个性设计方案，深谙武汉风情的定制服务，带给客人不一样的会议体验

四季厅细部

酒店外景

设计特点

诗仙李白对于两江汇流、湖泊棋布的武汉，有着非同一般的情愫，一曲《梅花落》，传下“黄鹤楼中吹玉笛，江城五月落梅花”的千古绝唱，让武汉“江城”的别称与“市花”梅花有了浪漫如斯的渊源。大江大湖大武汉，千百年来，这座城，城中的百姓，与水的亲密无间，渗透于生活的点点滴滴。故而，洲际品牌与江城的首次邂逅，便在“水”的设计主题上做足了文章。一弯曲波柔美地立于长江之畔、鹦鹉洲头、晴川大道上，与身后国博中心 12 座展馆环形舒展的梅花造型完美交融，巧妙呼应着江城浪漫的人文渊源。白沙洲长江大桥与鹦鹉洲长江大桥如两道长虹卧波，于酒店两侧伸向长江南岸，仿似拥长江入怀。

波浪状的建筑立面及阳台弧度，让人在观江景时有了更完美的视野。从房间阳台上放眼望去，“晴川历历汉阳树，芳草萋萋鹦鹉洲”的画卷徐徐展开，烟波江上，白云悠悠。

武汉洲际酒店是与国际会议中心相配套的五星级酒店，是湖北省体量最大、等级最高的酒店之一，项目地处长江边，属于超高中庭设计，酒店大量使用了进口石材、不锈钢等高档装修材料。酒店柔美又富于韵律的建筑曲线，一如既往地挥洒着其所擅长的大空间的气势磅礴，与大面积玻璃材质运用的自然通透，即使展会团队蜂拥而至的时候，亦不会显得拥挤和局促。酒店以荆楚特色为灵感，赋予会议和活动以浓郁的地域风情，为与会者奉上深刻而美好的会议旅行体验。

四季厅

功能空间介绍

酒店大堂

设计：精心选配的灯光与装饰细节、材料的搭配，几乎与空间装饰合而为一，运用大量间接照明，与室内设计共同谱写出一派赏心悦目的精彩。充满层次感的灯光屏风将空间划分出各种情节段落，使各空间相互渗透，虚实穿插，摩登中透着柔情；似乎每一个分隔里，每一个小憩而栖的角落都有精彩的剧情在上演，正书写着属于酒店独特的光影故事。

材料：大堂地面采用黑啡宝大理石、水晶米黄大理石、意大利米黄大理石拼花，墙面采用新西米石材，1.5mm 厚仿铜拉丝不锈钢（304 不锈钢材质）隔断。

酒店大堂

工艺： 通高古铜拉丝不锈钢屏风隔断采用工厂化定制，现场升降机吊装安装，上下暗埋钢方通横梁固定；石材柱面为焊接镀锌角钢 L50 × 5 骨架干挂进口大理石镶嵌 2mm 厚古铜拉丝不锈钢装饰条。

四季厅

设计： 二层中央四季厅通透、高大、宽敞，营造出一种变幻无穷的空间场景，绿化、水池、喷泉和采光顶棚使得室内外空间融为一体，充满着自然的情趣，观光电梯的上下穿梭和川流不息的人流打破了大空间原有的刻板和单调感。相邻室内空间的渗透采用造型各异的洞口、挑台、回廊建筑构件，使得空间充满变化且相互通融。

材料： 地面水刀大理石拼花，墙面真石漆，25mm 厚西班牙米黄大理石（哑光）石材干挂。

技术分析： 四季厅整体运用欧式柱、欧式线条元素，空间开阔，是酒店最重点、最具特色的一个功能区，圆形穹顶高 24m，造型高，跨度大，施工工期短，工程部优化设计，采用高度 9m 以下采用石材干挂，9m 以上采用 GRG 定制线条，GRG 线条打磨石喷同色系真石漆，保持上下色调协调统一，有效提高了工程质量，加快了工程进度，降低了工程成本。

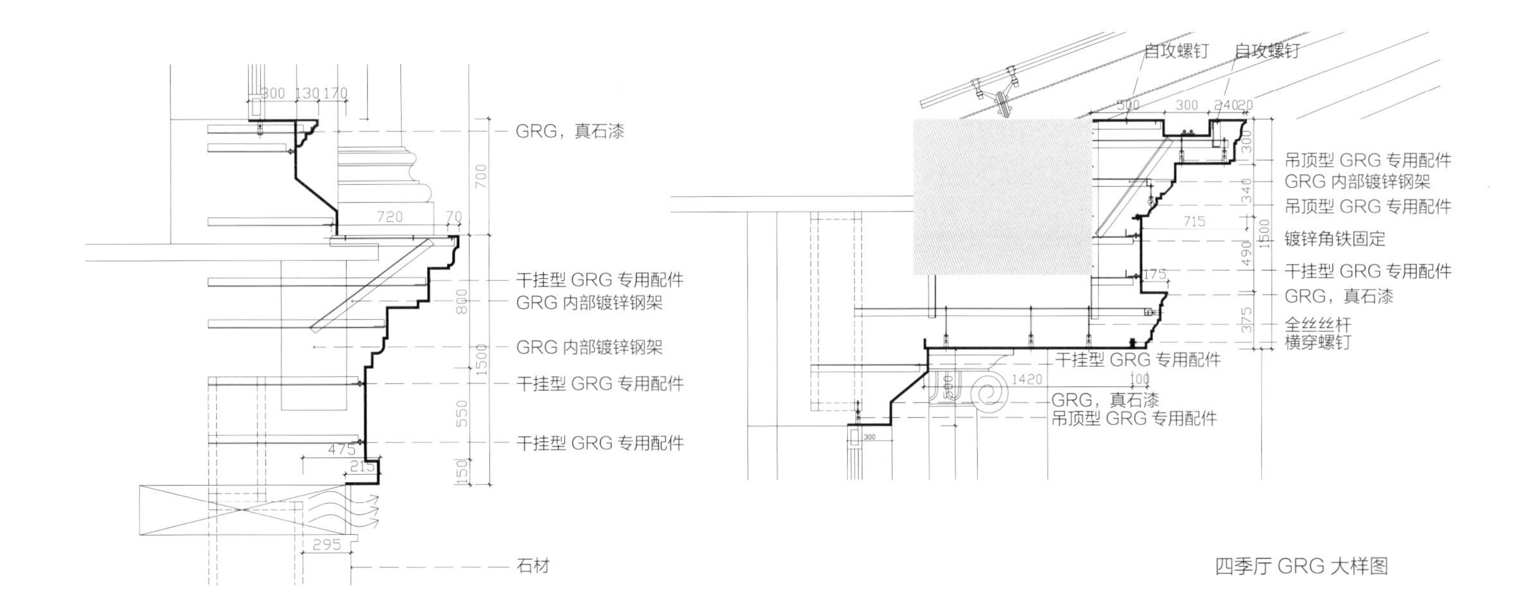

四季厅 GRG 大样图

墙柱 GRG 预制件安装工艺：

施工准备	结合现场实际情况，深化施工图，下料定制 GRG 线条，构件制作时预埋好“T”形预埋挂件。
测量放线	BIM 技术建立空间模型，根据设计造型现场放线放样；放线工作完成后，按设计要求和现场放样尺寸，进行钢骨架基层制安、焊接。
基层骨架安装	在主体结构上打孔、埋置膨胀螺栓，固定 150mm × 150mm × 8mm 后置埋板。将 80mm × 40mm × 4mm 的扁通钢立柱通过 40mm × 40mm × 4mm 钢方通焊接在后置埋板上，钢立柱的间距与对应 GRG 板块竖向分格一致。钢立柱安装完毕后，按对 GRG 板块横向分格和角码定位，确定横向龙骨的位置。将 40mm × 40mm × 4mm 的钢方通按造型放样确定的形状拉弯后，按确定的横向龙骨位置，焊接安装在立柱上。
连接件安装	由于 GRG 预制件造型复杂，“T”形挂件为预埋且长度基本固定，墙面钢架基层往 往无法精确随着复杂的造型弯曲，因此，部分墙面钢架基层与墙面造型不完全一致的，就必须引入 40mm × 40mm × 4mm 钢方通作为钢架基层和固定 GRG 预制板的转接件。为方便与“T”形挂件固定，转接件的一端事先钻好 M12 的螺栓孔。
安装 GRG 板	根据现场定位，按照 GRG 板标高控制线及与该成型品板相对应的地面上的控制点，利用激光投点仪及钢卷尺将该点引至成型品的安装位置，按照由内往外、由中间向两边、由下往上的顺序和排版编号，用 M12 螺栓穿过预埋 “T”形挂件的腰形孔和横梁或转接件事先打好的孔，将 GRG 板与横梁或转接件固定在一起，可以通过“T”形挂件的腰形孔对 GRG 板进出位进行微调，保证与设计要求和现场定位相一致，且块与块之间过渡自然，衔接流畅。
板块接缝处理	为保证 GRG 板造型的整体性和流畅性，防止造型的面层批嵌开裂，拼缝应根据刚性连接的原则设置，内置木块螺钉连接并分层批嵌处理。批嵌材料采取掺入抗裂纤维的 材质与 GRG 板一致的专用接缝材料。
腻子、打磨	拼缝处理完成后满刮专用腻子，经精细打磨，保证板块之间过渡流畅，无棱角和生硬感。
真石漆喷涂	对打磨好的 GRG 造型，喷涂和下部石材同等色调真石漆。

大堂吧

大堂吧

设计：以米黄色为主色调，辅以醒目的黑啡宝大理石拼花，配以柔和的灯光，舒适的环境让人可以在这里静静地休憩，享受茶饮、咖啡，度过一段美好的时光。

材料：黑啡宝大理石、木纹玉石、1.2mm 厚仿铜拉丝不锈钢压花板；木饰面挂板，金属屏风隔断，造型顶棚 1.2mm 黑炭不锈钢压条，定制艺术灯。

技术分析：墙面均采用了成品挂板，工厂化极大地提高了饰面板索色油漆的施工质量；有效地缩短了施工周期，从而解决了工期紧张的问题。但如何才能使成品挂板生产时间与现场挂板安装进度同步且尺寸准确，具有极大的挑战。为确保进度及质量双赢，事前对各轴段面现场尺寸与设计尺寸进行了复核，将各施工面施工尺寸确定；严格地控制好各区域挂板基层面的纵横尺寸，将误差控制到最小范围；然后按区域编号排版，提供给生产厂家；项目部安排专人跟进，确保生产厂家严格按提供的编号、尺寸排版，控制饰面纹理生产，确保色调及木饰面纹理一致。

大堂吧成品木饰面挂板细部图

成品木饰面挂板工艺：

基层清理 将墙面浮灰清扫干净，凹凸不平的砂浆剔除掉。

核查预埋件及洞口 弹线后检查预埋件是否符合设计及安装的要求，主要检查排列间距、尺寸、位置是否满足钉装龙骨的要求；测量门窗及其他洞口位置、尺寸是否方正垂直，与设计要求是否相符。

吊直、套方、找规矩、弹线 首先根据设计图纸的要求和几何尺寸，要对挂贴饰面板的墙面进行吊直、套方、找规矩并一次实测和弹线，确定饰面墙板的尺寸和数量。

固定骨架的连接件 骨架的横竖杆件是通过连接件与结构固定的，而连接件与结构之间，是通过膨胀螺栓连接的，膨胀螺栓的选择依设计要求而定，不同的面层采用不同型号的膨胀螺栓。打膨胀螺栓前须在螺栓位置画线按线开孔。

固定骨架 角钢骨架或配套龙骨骨架与连接件之间采用相配套的角码连接。木质龙骨应预先进行防火、防腐处理。安装骨架位置要准确，结合要牢固。安装后应全面检查中心线、表面标高等。

饰面板安装 墙板的安装顺序是从每面墙的边部竖向第一排下部第一块板开始，自下而上安装。安装完该面墙的第一排再安装第二排。每安装铺设一面墙板后，应吊线检查一次，以便及时消除误差。为了保证墙面外观质量，螺栓位置必须准确，将板材卡在相应的龙骨上。

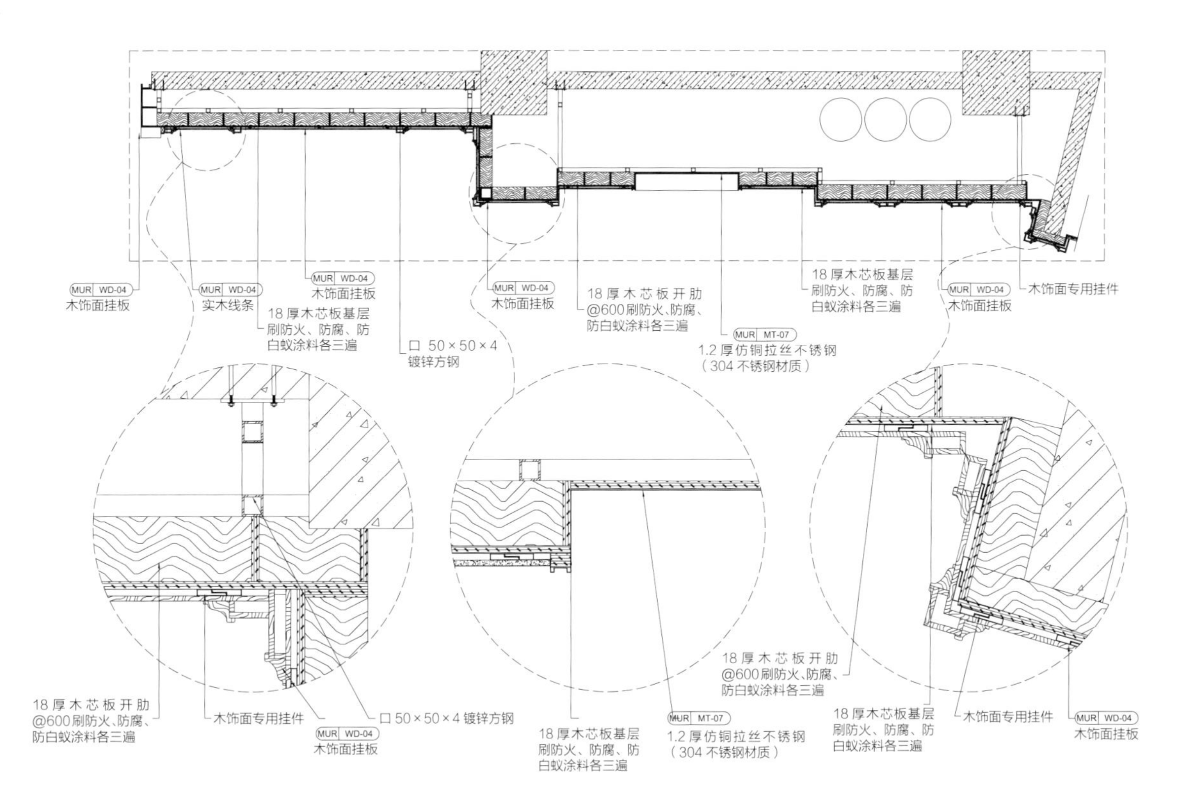

木成品挂板大样图

接待厅

设计：墙面采用西班牙米黄大理石、古铜不锈钢，6mm 厚茶镜，古铜金属花格，追求空间变化的连续性和形体变化的层次感，保留了材质、色彩的细腻感受，摒弃了过于复杂的肌理和装饰，简化了线条。既保留了古典欧式的典雅与豪华，也更适应现代生活的悠闲与舒适。

材料：古铜不锈钢、硬包、25mm 厚西班牙米黄大理石、木饰面，1.2mm 厚古铜拉丝不锈钢，部分吊顶采用铝板顶棚。

工艺：造型顶棚排列规整，暗藏暖色灯带，墙面背景 6mm 厚茶镜搭配 1.2mm 厚古铜拉丝不锈钢装饰重复排列内藏 LED 灯带，接待前台背景采用木饰面挂板，古铜拉丝不锈钢和硬包组合成块。

候梯厅

设计：重点在照明设计和灯具的造型设计，优雅大气，彰显气派，安装在顶棚上的投射灯可以确保墙面上下均匀地被照亮，利用投射灯，产生有层次梯级的光晕，透过亮面与暗面的分布，突显出立体质感，表面有凹凸感的墙，适合以投射灯具距离墙面约 300mm 自上或下照射。

材料：地面简欧石材造型新西米石材（细沙），墙面定制艺术画，古铜色不锈钢造型，胡桃木饰面。

工艺：灯光与墙面的色彩及材质之间也都有着紧密的互动与影响，在设计上要注重两大准则：(1)亮面或浅色墙面可以让灯光产生反射性，而暗面与深色墙则有吸光效果，设计时需要斟酌调整灯光的亮度。(2)墙面材质：在墙面的选择上应该避免具有反光效果的面材，以平光的为宜，例如玻璃选用乳化玻璃，不要采用镜面，以免影响了光线的均匀效果。

宴会厅

设计：宴会厅长 48m，宽 16.7m，高 9.6m ，面积约 800m^2，顶棚造型呈三个“田”字形设计，间或穿插黑色镜面不锈钢饰面，组合式水晶灯具镶嵌其中，既满足了宴会厅照明要求，又营造出庄重严肃、大气的氛围。

材料：地面采用手工地毯，墙面采用墙布硬包、木饰面挂板、灰色镜面、古铜色不锈钢，顶棚采用隐藏式成品分区隔断、组合式水晶吊灯。

候梯厅

接待厅

宴会厅

工艺：选用软质吸声材料，减弱大厅的混响；采用暖色调给人以浓重、亲切感，墙面采用大块料胡桃木饰面和硬包装饰，局部辅以古铜不锈钢花格背景装饰；功能分割隔断在工厂定制。

行政酒廊

设计：行政酒廊明亮高雅，暖色且富有层次的灯光将整个酒廊区域统一在极具舒适感的光环境中，被光勾勒出形态的玻璃屏风，以及近处温暖舒适的休息区，与屋顶的线性光带串联在一起。统一且有变化的光感让人在品酒的同时也在品味这“香醇”的灯光盛宴。

材料：地面采用海伦黑石材、蓝贝鲁石材（深色）组合、定制地毯、（304 不锈钢材质）仿铜拉丝不锈钢金属花格、20mm 厚西班牙米黄大理石，墙面采用胡桃木饰面造型挂板。

工艺：地面采用海伦黑石材、蓝贝鲁石材（深色）组合，“工”字形铺装，中间区域设嵌入式地毯，接待厅顶棚矩形图案和地面方格网遥相呼应，地面采用耶锡纳金石材和象牙米黄石材搭配成方格网铺装。

中餐厅

设计：餐厅在厨房右边，“L”形布局。散座区靠窗边，空间宽敞，视野开阔，室外景观靓丽；卡座区沿柱网围合而成，空间布局恰到好处，餐厅在设计理念上一反常理，用返璞归真、悠然自在的风格取代金碧辉煌的豪华装饰，餐厅纯色的用品，在柔和灯光的映衬下，一派安详，恬静的景象油然而生，给终日拼搏于商场或被烦嚣闹市困扰的人们带来心灵的慰藉与安静。入口设计也很通透，设计了一个类似取景框式的大门。

材料：胡桃木饰面、硬包、金属板蚀刻 、古铜不锈钢隔断、彩绘壁布，地面地毯、灰金沙石材。

工艺：餐厅墙面采用金属板蚀刻挂墙装饰 、皮革马赛克点缀过渡、古铜不锈钢花格、墙面底色彩绘壁布、古铜不锈钢线条腰线勾勒，色泽丰富、质感高雅。

行政酒廊

中餐厅

广东普宁康美中药城康莱酒店精装修工程

项目地点

广东省普宁市普宁大道康美中药城内

工程规模

建筑面积 40000m^2

建设单位

康美药业股份有限公司

获奖情况

2017-2018 年度中国建筑工程装饰奖

社会评价及使用效果

康莱酒店是举办大型婚庆宴席、新产品推介发布会、公司聚餐、中小型文艺演出的最佳场所，在 2017 年度第十七届中国饭店金马奖评选活动中被评为“中国最具魅力酒店”，在 2018 年度被金良网络传媒评为揭阳“最美酒店”

康莱酒店外景

大堂休闲区

设计特点

项目原建筑功能为中药材交易市场大楼，现改为集酒店、办公功能于一体的康美药业新总部大楼，康莱酒店是康美中药城最重要的配套设施之一。大楼为 13 层（建筑高度约 58m）的高层建筑。为了满足中药城内来往客商洽谈采购、吃住及办公会议接待的要求，功能区域划分如下：负一层为地下室停车场和员工餐厅及设备功能用房；一到五层裙楼为酒店配套用房（包括厨房、宴会厅、全日餐厅、中餐厅、预留的 KTV 及 SPA 用房），首层为酒店大堂，二层为餐饮区域，五层为宴会、会议、康体（瑜伽、健身）区域；六到九层为酒店客房；十到十二层为康美药业总部办公区域。酒店建筑面积约 27000m^2。普宁是著名的侨乡，也是传统的潮州八邑之一，因此项目的室内设计，很好地融入了当地传统文化及国际时尚潮流，营造了一个极为舒适便捷的现代度假空间。丰富的文化元素及新潮的时尚品位，赋予酒店空间不会过时的经典魅力，足以使其成为当地酒店行业的翘楚。

功能空间介绍

酒店大堂

设计：墙面以大面积淡黄色法国木纹石为主，配以古铜色亚光不锈钢屏风，体现出低调奢华且兼具现代感的设计风格，休闲区紫檀木饰面背景墙则有效地中和了石材与金属过于硬朗的质感。在大堂屏风的位置，中间的玉石背景与石质雕塑组合，采用了木石结合、玉石搭配的设计理念，交相应彩，大堂入口不锈钢屏风上的山水画为不锈钢屏风及整体区域带来了一番飘逸灵动的山水气息，辅以顶部鱼形水晶吊灯，更让人有一种临近自然、如居山水间之意，整体体现出一种富丽现代、大气自然的风格。

材料：法国木纹石材、土耳其灰石材、火星灰石材、玉石、红色烤漆板、紫檀木、古铜钢磨花、夹纱玻璃、钢化玻璃、皮革、鱼形水晶吊灯。

技术分析：大堂接待休息区为两层、中空结构，施工难度较大，大堂四面的造型多，比较复杂，为了保证石材干挂与其他各装饰面完美收边收口，采用顶棚、地面、墙面全面放线定位，弹出各装饰完成面的线，特别是紫檀木饰面陈列展示柜的安装及夹纱玻璃古铜色不锈钢钢屏风的安装。考虑其安全性要求，基层采用角铁、镀锌方通焊接骨架及制作基座。古铜色不锈钢钢屏风和木饰面陈列壁柜采用工厂加工，现场组装，保证产品的质量和施工进度。设计时为了石材与木饰面完美收边收口及达到丰富的立面效果，采用古铜色不锈钢折型压边。

墙面石材干挂施工工艺：

墙面基层处理→墙面排版分格分线→钢骨架加工安装固定→检查骨架的平整及牢固性→石材干挂样板制作→大面积干挂石材→石材表面清理→石材嵌缝处理→验收

对墙面进行基层处理，包括对土建预留的不用的洞口进行封堵，将多余的墙体打凿去除，给幕墙窗边砌筑造型等。

根据设计施工图纸，对墙面石材进行排版，弹出每块石材的安装位置，再根据石材的位置确定角钢安装位置。挑选石材时要求石材表面洁净、平整，纹理清晰，颜色均匀一致，拼花正确。

采用 40mm × 40mm 热镀锌角钢作为主骨架，使用 M10 × 100 化学膨胀螺栓将角钢固定在结构墙体上并焊接牢固，做好防锈处理，竖向角钢间距以石材的高度为准，便于安装不锈钢挂件干挂石材，整体检查钢骨架的牢固性。

用红外线水平仪检查角钢的平整度，在顶端角钢用钢丝吊垂直线，钢丝挂线安装在两边的拐角处，控制角钢架的垂直度。在石材侧面上下两边切槽 8mm，采用 50mm × 70mm 的双钩码不锈钢挂件挂住石材槽位，调平石材，然后在槽位用云石胶粘住石材和挂件，后面按此方法依次干挂石材，对弧形位的石材进行放样切割，保证弧形吻合。

用角磨机清理干净石材缝，再用石材胶调出与石材颜色一致的嵌缝剂，修补石材间的缝隙，用打磨抛光机打磨平整缝隙，最后用毛巾将整个石材墙面抹干净。

中式风格会客大堂吧

设计：深色实木圆梁搭配米黄色壁纸顶棚，墙面采用大西洋灰大理石饰面柱子与紫檀木隔断搭配，棕色木纹砖地面，再配以黑檀木制桌椅及博古架，浓浓的现代中式风格充满了整个空间，体现一种闲情雅致、自然舒适的意境。

材料：棕色木纹砖、大西洋灰大理石、米黄色壁纸、紫檀木、圆形吊灯。

中式风格会客大堂吧

高级套房

设计： 房间功能布局包括客厅、卧室、卫生间，满足客人居住会客需求。房间布置简洁明了，同时不失温馨，暖黄色灯光很好地烘托了这种温馨的氛围。深棕色实木座椅、浅白色布艺沙发、浅灰色图案地毯、洁白的陶瓷浴缸及洗手台，处处透着精致，搭配得恰到好处，让人身处其中，悠然自得。

材料： 大西洋灰大理石、米白色墙纸、浅黄色枫木饰面、仿木纹地砖、LED 灯带、射灯、壁灯。

卧室

客厅

轻钢龙骨石膏板吊顶工艺：

根据顶棚标高先在墙、柱上弹出顶棚完成面标高水平线，水平线偏差不超过3mm。

在顶棚上划出吊杆位置，采用 Φ8 吊杆，吊杆距离墙面不超过 300mm, 同时距离主龙骨端部不得超过 300mm, 吊杆端头螺纹外露长度大于 3mm。

主龙骨间距一般为 1000 ~ 1200mm, 各主龙骨接头要错开，不在一条直线上，吊杆方向也要错开，避免主龙骨向一边倾斜。

主龙骨吊放时尽量避开灯具、空调口、喷淋头、喇叭等位置，次龙骨间距设置一般 300 ~ 400mm。主次龙骨要求放平直，连接件错位安装，起拱高度不小于短向跨度的 1/1000。全面调平主、次龙骨的位置及平整度后，装吊挂件、连接件、螺母拧紧。

待顶棚工程隐蔽验收合格后，用自攻螺钉将石膏板固定在次龙骨上，板间留缝5mm, 便于腻子补缝。

吊顶顶棚上的风口百叶、灯具、喷淋头、广播等，待顶棚涂料完成后再安装上去。

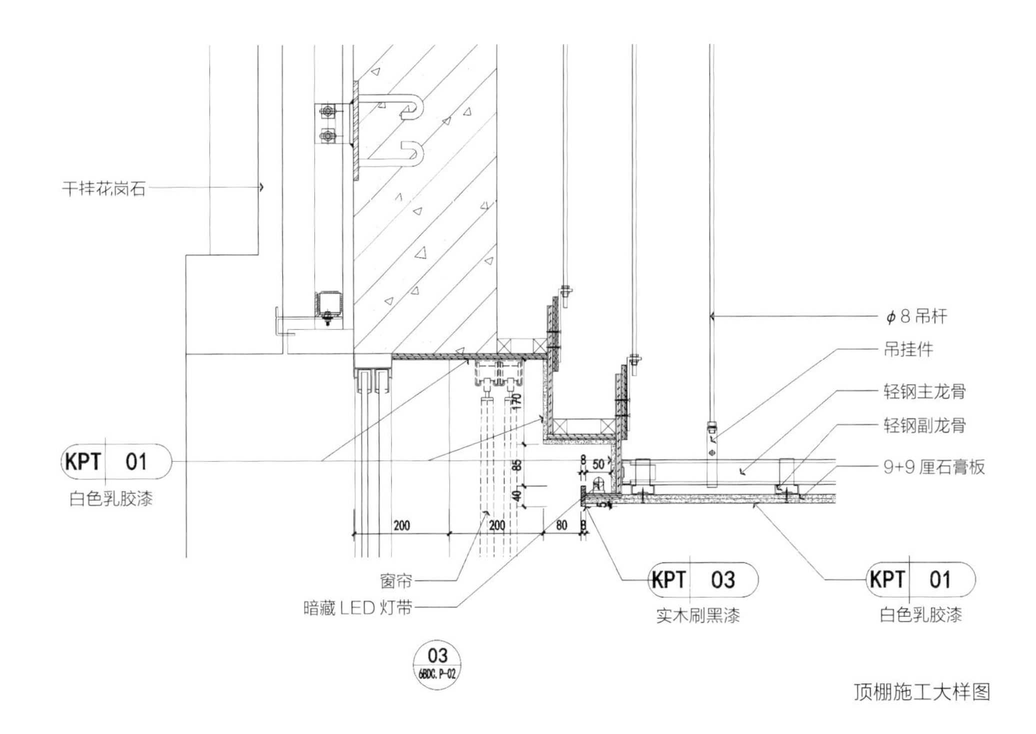

顶棚施工大样图

全日制餐厅

设计：顶棚采用木纹铝方通，造型别致，风格鲜明，条形设置方向与地面砖长边方向相同，且与地砖颜色相近，灯光照耀下融为一体，弧形的设置丰富了空间结构，在显现传统铝板轻薄硬朗的同时，增添了一份灵动，铝方通各相交层级位置安装LED灯带及射灯，对铝板进行灯光效果渲染，错层式布置加上灯光的渲染，更让这份灵动气息显得跃然欲动。精致的实木桌椅以真皮包裹，让人在感受实木自然风情时能享有舒适的落座感，服务台精选比萨灰大理石精细化加工安装而成，精致的做工和材料让人赏心悦目，为整个用餐过程增添愉悦元素。

材料：木纹铝方通、檀木、仿木纹地砖、土耳其灰大理石、古铜色不锈钢。

铝方通吊顶安装工艺：

顶部采用木纹铝方通吊顶，通过膨胀螺栓和吊杆吊件将龙骨根据设计造型与结构楼板连接固定，并严格控制铝方通各端的标高位置，铝方通相交层级位置安装LED灯带及射灯。施工工艺为：弹标高控制线→吊杆打点定位安装→主、次龙骨安装及调平→隐蔽工程验收→铝方通安装→细部收口及接口处理→验收。

根据施工图设计的标高，在墙顶面弹出铝方通跌级的层级线，在墙面弹出铝方通各端的标高控制线，再根据铝方通的排列方向确定主副龙骨的布置方向。

根据龙骨方向，在顶棚上划出吊杆位置，间距不大于1200m，采用Φ8镀锌吊杆，用膨胀螺栓固定，吊杆距离墙面不超过300mm，同时距离主龙骨端部不得超过300mm，吊杆端头螺纹外露长度大于3mm。

在最高位和最低位挂吊主龙骨，在高低位之间拉直线，调平中间的主龙骨，用不锈钢副龙骨挂件，将副龙骨挂在主龙骨之上，副龙骨间距控制在300mm，保证安装副龙骨的斜度及平整度。

制作空调风口边框及灯槽，对灯具、烟感报警器、疏散指示标识等进行构造加固处理。

顶棚内的各项隐蔽工程完成后，隐蔽工程验收合格后，才能开始安装木纹铝方通。

安装铝方通必须戴手套，安装前检查铝方通是否完好，不能有变形、刮花的痕记。安装铝方通前先将不锈钢挂件一半与龙骨用螺栓连接固定，另一半与铝方通连接固定，然后通过两部分挂件的组合将铝方通与龙骨连接固定。

全日制餐厅

中餐厅

设计：整个空间以中间的玉石隔墙为分界，左右对称，布局工整，顶部采用棕色仿木纹铝板，色调沉着雅致，与下方实木桌椅属于同一色系，形成上下呼应，四周灯槽采用条形木饰面，典型的中式元素与玉石隔墙处的方形窗及备餐间实木屏风、窗口处云石片上古代生活场景图相得益彰，更显浓厚的中式风格，白色玉石隔墙与彩色花形地毯形成联动，在偏严谨的中式意蕴中增添了活泼气息，身处其中赏心悦目。

材料：深棕色仿木纹铝板、白玉石、黑檀木、暖黄色透光云石片、花形地毯。

工艺：暗门合页位置采用5mm宽V形接缝处理，让合页转轴置于“V”形缝底部，暗门平面不显突兀，V形缝在暗门两侧对称设置，样式协调美观。

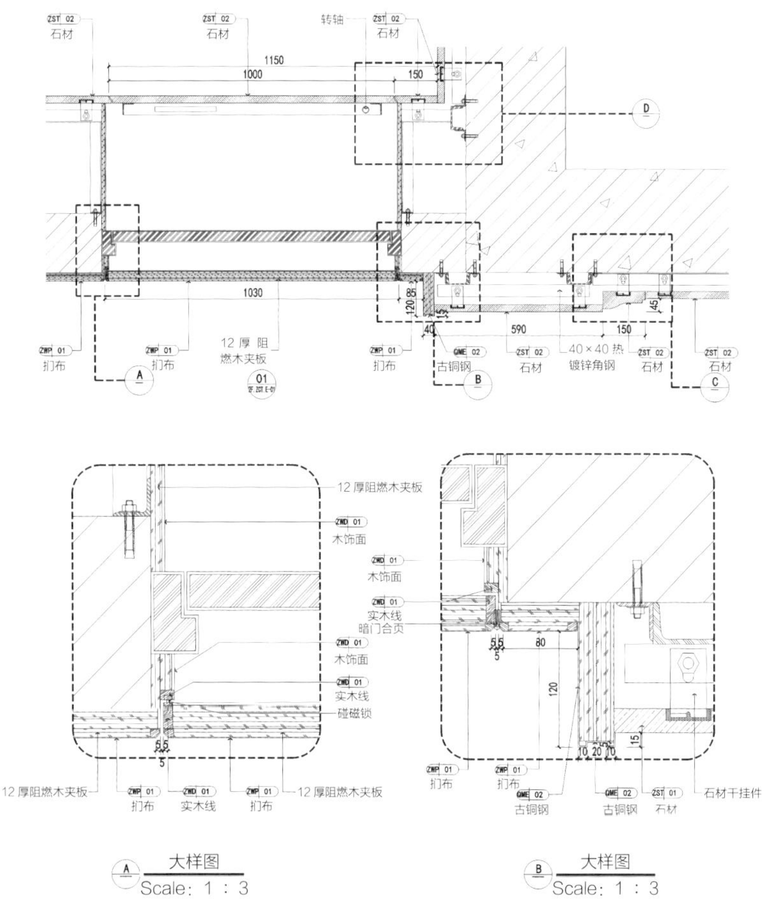

墙身大样图

中餐厅

宴会厅

设计：宴会厅设计面积 680m^2，高度为 7.3m，以地毯、红色皮革硬包、檀木饰面及雕花、古铜钢铁艺花格等材料做装饰，以红色为主色调。宴会厅的红花形地毯与红色皮革硬包舞台背景搭配，形成一种喜庆的氛围，结合深红色舞台、大型 LED 电子显示屏和舞台灯光，满足宴会厅用于婚庆、公司聚餐、大型集会、演讲、报告、新闻发布、中小型文艺演出的需求。简约的木制造型门，门头为檀木雕花，进门处采用中式花格灯槽，墙面的处理采用浅灰色墙布硬包，错位分割造型，有一定的吸声效果，实用美观。吊顶采用皮革硬包配以古铜钢花格灯槽和波浪形水晶吊灯，使宴会厅显得简约高雅且具有现代时尚气息。

材料：花形地毯、古铜钢中式花格、浅灰色墙布、檀木饰面及雕花、皮革硬包、亚克力透光板、大型水晶吊灯等。

宴会厅

皮革硬包制作安装工艺：

红色皮革硬包细部图

依据设计施工图要求在已制作好的木基层上弹出水平标高线、分格线，检查木基层表面的平整度、垂直度及直角度。

根据要求现场分格线尺寸下料，采用高密度中纤板作为硬包底板，底板做好防火、防潮处理，毛边不齐的板材要刨平修齐，再用雕刻机倒出5mm斜边，在背面标记编号及安装方向，以便于安装（图纸上标记每块硬包对应的安装位置）。

根据中纤板大小裁皮革，皮革四边各尺寸大于中纤板30mm，然后在中纤板和皮革背面各均匀刷一层薄薄的胶水，半干之后扪在中纤板上，用刮板刮平整，拉紧后用码钉在背面密密地钉牢。

利用激光水平仪标记中心垂直线，安装时一般从中心向两边安装，硬包背面打上点状中性结构胶，沿着分格线、中心垂直线开始安装，在硬包的侧面打上排钉辅助固定，再按标号顺序逐一安装完成。

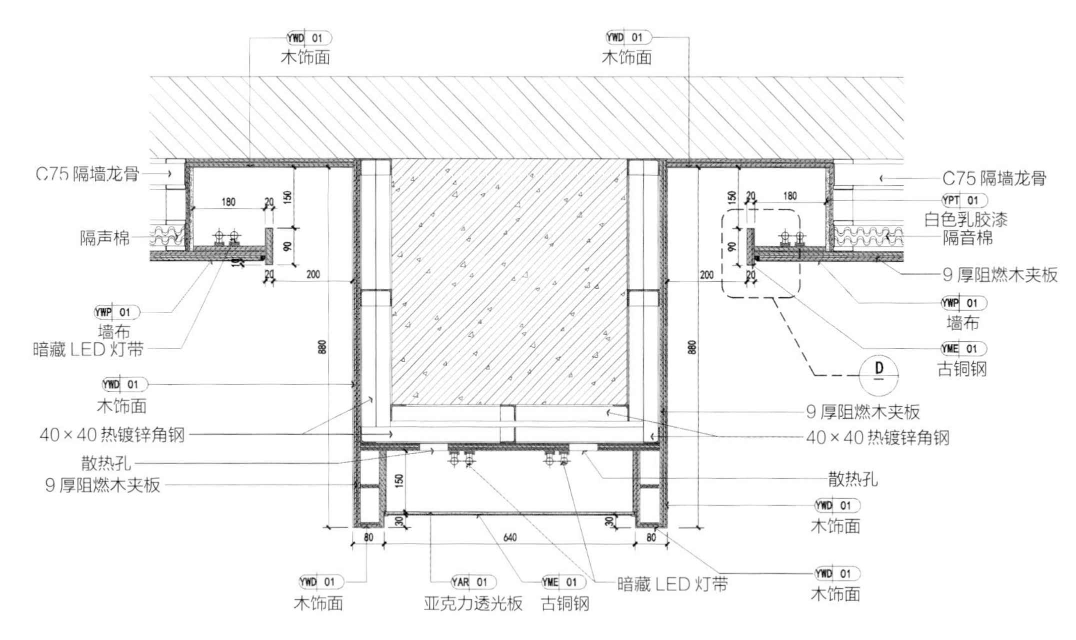

红色皮革硬包大样图

深圳蛇口希尔顿酒店装饰工程

项目地点

深圳市南山区望海路 1177 号

工程规模

总建筑面积 56920m^2

建设单位

深圳招商房地产有限公司

设计单位

美国 WATG 设计事务所和香港郑忠设计事务所

社会评价及使用效果

深圳蛇口希尔顿南海酒店坐落于深圳西侧沿海城市带的主要区域，地理位置优越，从酒店即可欣赏深圳湾醉人的美景，与香港对望，坐拥深圳湾。严格按设计标准精密施工，严格把控质量，并引入公司特有的工序化管理模式，做到“精、准、细致”。该项目高质量完成，赢得了业主的高度认可，并在酒店装修领域树起了一座新的里程碑

蛇口希尔顿酒店外景

设计特点

该酒店包括一座十三层、60.8m 高的塔楼及三层高的裙楼，裙楼主要为酒店餐厅、宴会厅、会议厅及配套功能用房。塔楼主要为客房区，拥有客房 323 间。

塔楼共有 323 间宽敞的客房与套房，每一间精心设计的时尚客房都将为客人带来卓越舒适的住宿体验。客房设施包括无线网络、46 寸大屏幕高清液晶电视、多媒体连接器等，让客人尽情放松、焕发活力。

酒店 4 间极具特色的餐厅与酒吧可为宾客带来精彩的美食体验——从全日制自助餐到正宗粤式美食、西式烧烤、新鲜海鲜及游泳池畔小吃等，宾客在尽享众多精选可口佳肴的同时还可一览户外的壮观海景。夜幕降临，宾客还可选择在精致高雅的屋顶酒吧享受 DJ 打造的酷炫乐曲，倚靠在舒适的沙发上品酌招牌鸡尾酒。酒店的休闲设施则包括一间水疗中心、室内外游泳池、24 小时健身中心和儿童游乐场。

2900m^2 的会议宴会空间适合举办各类会议与社交聚会活动，涵盖 14 个可灵活使用的会议及宴会设施，配备先进的视听设备、覆盖所有公共区域的无线网络以及 24 小时商务中心。

功能空间介绍

行政酒廊

设计：行政酒廊现代简约，通过划分不同的顶面造型和墙面木装饰框架围合出不同的区域，视觉效果既分隔又统一在一个完整的空间里，布局合理、通透，视野开阔，色彩明净、典雅，使人处于从容不迫、舒适宁静的状态和欢快的心境中。顶棚和平面对应，墙面柱网分隔出三个不同平面布局的空间，满足不同的使用需求，宾客可以尽情地享受时光，享受美食，享受都市的美景。大空间均采用全空气系统、变频多联机系统，回风口设置二氧化碳浓度探测器，根据二氧化碳浓度调节新风阀门开度，并且过渡季可实现总送风量的 50% 新风运行，达到节能效果。

行政酒廊

材料：地面采用拼色地毯，墙面采用黑钢博古架背板镜面、竖纹木饰面及大理石装饰，局部采用夹丝玻璃，以轻钢龙骨石膏板吊顶，局部暗藏黄色灯管；大面采用石材饰面，剪力墙柱套木纹装饰，陶瓷锦砖艺术背景墙，两块金属黑钢饰面，竖纹木装饰凹缝索色、石材装饰。

工艺：黑钢博古架专业加工厂按设计图纸定做，现场安装玻璃，石材焊接镀锌角钢 L50×5 骨架干挂大理石镶嵌 2mm 厚黑钢；黑钢装饰柜以现代装饰手法一体化施工，用材考究，避免传统的板材贴面收边、补钉眼；运用 BIM 技术进行设备及管线三维建模，优化管线布置，解决管线交叉问题，提升视觉效果，指导现场施工。

黑钢博古架加工制作及现场安装工艺：

黑钢装饰部件的制作加工工艺流程：
采购材料入库验收→材料放样、号料、切割下料→零件弯制、打孔等加工→零部件组焊、校正、拼装、成型→验收包装

黑钢制作加工工艺：
检查采购的黑钢原材料和型材：检查有无碰伤、凹凸不平、明显划痕等缺陷，不让有缺陷的原材料进入下道工序。按图纸尺寸对验收合格的原材料和型材进行放样、号料、切割下料：当采用激光切割法下料时，先将黑钢钢板定位，防止切割移位，根据材质测试电流，定位板厚度与电流相匹配，防止出现点溶现象，下料后采用滑管车平面运输，防止碰伤黑钢装饰面。下料技术要求为线误差不大于 1mm/1000mm，角误差不大于 2mm，无点溶现象，四边无毛刺。按图纸将下料后的板材进行弯曲成型、打孔、切角等加工：划线应在清洁的木板或光洁的平台上进行，加工过程中黑钢材料表面严禁用钢针划线。下料时，应将黑钢原材料移至专用场地用等离子切割或机械切割方法下料。用等离子切割方法下料或开孔的板材，如割后尚需焊接，则要去除割口处的氧化物至显露金属光泽。当利用机械切割时，下料前应将机床清理干净，为防止板材表面划伤，压脚上应包橡胶等软质材料。严禁在黑钢材料垛上直接切割下料。板材的剪口和边缘不应有裂缝、压痕、撕裂等现象。剪好的材料应整齐地堆放在底架上，以便连同底架吊运，板间须垫橡胶、木板、毯子等软质材料，以防损伤表面。按图纸进行零件校正、部件加工、组焊、拼装：对黑钢零部件进行机械加工时，冷却液一般采用水基乳化液。壳体组装过程中，临时所需的楔铁、垫板等与壳体表面接触的用具应选用与壳体相适应的黑钢材料。严禁强力组装黑钢货架，组装过程中不得使用可能造成铁离子污染的工具，组装时，必须严格控

行政酒廊局部图

行政酒廊局部图

制表面机械损伤和飞溅物。容器的开孔应采用等离子或机械切割的方法。施焊过程中，不允许采用碳钢材质作为地线夹头，应将地线夹头紧固在工件上，禁止点焊紧固。焊接时不得在黑钢非施焊表面直接引弧。采用手工电弧焊焊接时，焊缝两侧各应有 100mm 范围的滑石粉，以便于清除飞溅物。检验包装：黑钢装饰部件加工完成后，按部件安装顺序统一编号，用泡沫纸包裹后，运输至现场进行组装。

黑钢装饰现场安装

黑钢装饰的施工安装工艺流程：
测量放线→预埋件或基础钢架安装→安装黑钢装饰件→校准检验→成品保护→收口→清理现场

黑钢装饰的施工安装工艺：
测量放线：根据黑钢装饰的设计图现场测量放线，在承载混凝土基础上，或基础钢架上弹出黑钢装饰件锚固点的十字中心线。预埋件安装：严格按照图纸尺寸和测量放线弹出的十字中心线安装黑钢装饰件的预埋件或基础钢架，并符合设计标准要求。安装黑钢装饰件：检查黑钢装饰件，应符合设计图纸尺寸及偏差要求，构件外观表面无明显的缺陷和损伤。安装黑钢装饰件，检查黑钢装饰件竖向面的不垂直度，以及水平面的水平度，然后固定。安装后检查现场连接部位的焊接质量或螺栓连接质量。现场连接部位的防锈喷漆处理（如果需要）：应清除熔渣及飞溅物，表面喷、涂防锈漆处理。涂料及漆膜厚度应符合设计要求或施工规范，不得漏涂。现场保护：对安装完毕的黑钢装饰件采取现场保护措施，可用泡沫塑料包裹，也可用 30mm 厚泡沫板贴于黑钢板面上。收口：黑钢博古架黑钢饰面安装完成后，与周边木饰面，采用同材质的黑钢线条压边进行收口。清理现场：打扫清理施工现场，不留污物垃圾。

电梯厅及客房走廊

设计：墙面大面积采用竖纹木饰面及扪布饰面，采用拉丝黑钢进行分隔及收口。硬质的大块木饰面挂板配以软质的扪布饰面，过道、酒廊在灯光的配合下展现大气宽敞的装饰效果。

材料：拉丝黑钢、竖纹木饰面、扪布饰面，木饰面装饰、扪布块面拉丝黑钢装饰嵌条、夹丝玻璃黑钢收口、实木地脚线，竖纹木饰面、扪布装饰、拉丝黑钢转角过渡。

技术分析：酒店公共区域、行政酒廊、过道及电梯厅等位置，大面积应用软硬饰面搭配、黑钢点缀，凸显公共区域大气宽敞、简约而不简单的装修风格。在设计上大面积采用大尺寸的木饰面挂板及扪布（创造性地采用单边尺寸近 3m，厚度 20mm），基层板必须采用 E1 级环保要求的天然纹理木板原料。

大尺寸天然木材在季节交替、热胀冷缩、湿度周期变化的影响下，整体抗变形能力差，如何保证墙面多种饰面材料的装饰效果达到设计效果，是项目的一个技术难点。

客房走廊

电梯厅

墙面多种饰面材料施工工艺：

总体施工流程：基层清理及放线→木饰面板施工→扪布施工→金属线条分隔及收口施工

基层清理及放线　在墙面施工前，必须进行基层清理（如砂浆结块、砖渣、污染），并保证墙体干燥，确保龙骨及木作基层施工完后有保障（在根源上杜绝墙面发霉及基层变形的情况发生）。基层清理合格后，根据设计排版对墙面不同饰面材料进行放线工作，为后续饰面材料施工提供精确的数据，确保施工完成后的效果达到设计标准。

木饰面挂板施工　施工流程：放线→安装固定连接件→安装龙骨架→安装装饰板。木饰面施工工艺：放线：放线工作根据土建实际的中心线及标高点进行；饰面的设计以建筑物的轴线为依据，装饰板骨架由横竖件组成，先弹好竖向杆件的位置线，然后再确定竖向杆件的锚固点。因为横向杆件固定在竖向杆件上，所以待竖向杆件通长布置完毕后，将横向杆件位置线再弹到竖向杆件上。安装固定连接件：在放线的基础上，用电焊固定连接件，焊缝处红丹防锈漆二度。安装骨架：用焊接方法安装骨架，安装过程中随时检查标高、中心线位置，并同时将截面连接焊缝作防锈漆处理，对固定连接件作隐蔽检查记录，包括连接件焊缝长度、厚度、位置埋置标高、数量、嵌入深度。安装木饰面板：木饰面板材统一由木作工厂严格按照设计要求加工制作，分区域、部位进行编号，包装后运输至现场，按区域编号进行安装，确保木饰面板纹理顺畅、搭接自然美观。木饰面板安装前，对龙骨位置、平直度、钉设牢固情况，防潮构造要求、防火涂料等进行检查，合格后进行安装。木饰面板配好后进行试装，在面板尺寸、接缝、接头处构造完全合适，木纹方向、颜色的观感尚可的情况下，才能进行正式安装。木饰面板接头处隐蔽部位，应涂胶与龙骨钉牢，钉固面板的钉子规格应适宜，钉长约为面板厚度的 2 ~ 2.5 倍，钉距一般为 100mm，钉帽应砸扁，并用尖冲子将针帽顺木纹方向冲入面板表面下 1 ~ 2mm。

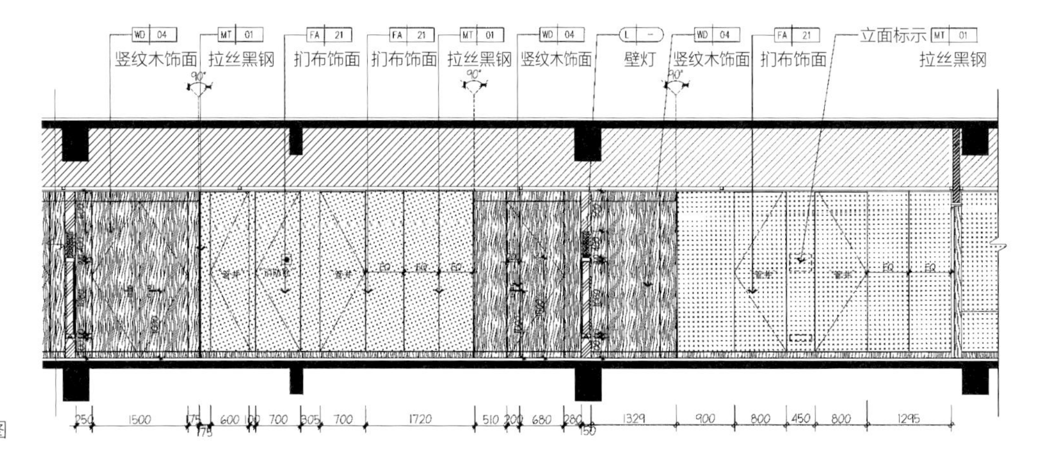

客房走廊立面图

扪布施工

在顶棚已基本完成、墙面和细木装饰底板做完后，开始做面层装修时插入扪布墙面镶贴装饰和安装工程。

主要施工工艺流程：基层或底板处理→吊直、套方、找规矩、弹线→计算用料、截面料→粘贴面料→安装贴脸或装饰边线、刷镶边油漆→修整扪布墙面。基层处理：人造革扪布，要求基层牢固、构造合理。如果是将它直接装设于建筑墙体及柱体表面，为防止墙体柱体的潮气使其基面面板底翘曲变形而影响装饰质量，要求基层做抹灰和防潮处理。通常的做法是，采用 1 ：3 的水泥砂浆抹灰做至 20mm 厚。然后涂刷冷底子油一道并做一毡二油防潮层。木龙骨及墙面安装：当在建筑墙柱面做皮革或人造革装饰时，应采用墙筋木龙骨，墙筋龙骨一般为（20 ~ 50）mm×（40 ~ 50）mm 截面的木方条，钉于墙、柱体的预埋的木楔上，木砖或木楔的间距，与墙筋的排布尺寸一致，一般为 400 ~ 600mm 间距，按设计图纸的要求进行分格或平面造型进行划分，常见的形式为 450mm×450mm。固定好墙筋后，即铺钉夹板做基面板；然后以人造革填塞材料覆于基面板上，用钉将其固定在墙筋位置；最后以电化铝冒头钉按分格或其他形式的划分尺寸进行固定，也可同时采用压条，压条的材料可用不锈钢、铜或木条，既方便施工，又可使其立面造型丰富。面层固定皮革和人造革饰面的铺钉：主要有成卷铺装或分块固定两种形式，此外尚有压条法、平铺泡钉压角法等，由设计而定。之所以采取成卷铺装的形式，是由于人造革材料可成卷供应，需较大面积施工时，可进行成卷铺装。但需注意，人造革卷材的幅面宽度应大于横向木筋中距 50 ~ 80mm；并保证基面五夹板的接缝置于墙筋上。分块固定这种做法是先将皮革或人造革与夹板按设计要求分格，划块进行预裁，然后一并固定于木筋上，安装时，以五金夹板压住皮革或人造革面层，压边 20 ~ 30mm，用圆钉钉于木筋上，然后在皮革或人造革与木夹板之间填入衬垫材料进而包覆固定。须注意的操作要点是：首先，必须保证五夹板的接缝位于墙筋中线；其次，五夹板的另一端不压皮革或人造革，直接钉于木筋上；再次，皮革或人造革剪裁时必须大于装饰分格划块尺寸，并足以在下一个墙筋上剩余 20 ~ 30mm 的料头，如此，第二块五夹板又可包覆第二片革面压于其上进行固定，照此类推完成整个扪布面。

金属线条分隔及收口施工

不锈钢线条的安装，均采用表面无钉条的收口方法。其工艺是，钉在收口位置上固定一条木衬条，木衬条的宽、厚尺寸略小于不锈钢或铜线条槽的内径尺寸。在木衬条上涂环氧树脂胶（万能胶），在不锈钢条槽内涂环氧树脂，再将该线条卡装在木材条上。不锈钢线条有造型，木基层也应做出造型来。不锈钢线条表面一般都贴有塑料膜保护层，该保护层应在饰面施工完毕后再从不锈钢线条槽上撕下来。如线条槽表面没有保护层，在施工前需做好保护措施，以免在施工中损坏线条表面。

标准双人房

设计：卧室采用厚实大块的蓝棕色地毯，所有家具呈现垂直的最简线条，偶尔跳跃出的咖啡色哑光金属成为卧室里不可或缺的部分，亦冷亦美；连接卧室与卫浴的空间被设计成相对的衣橱和保险柜，与客房装饰板格调一脉相承。客房区墙面扪布床头背景墙到顶，顶棚采用客房统一的平顶，四周留反光灯槽，让空间显得高挑；地面采用手工定制地毯，显示出极强的美感。

材料：地面采用手工定制地毯，墙面采用木饰面、扪布、金属黑钢装饰线条。

标准双人房

标准双人房卫生间

标准单人房

设计：空间以暖色调为主。通过竖向的木纹装饰和统一的平顶装饰将现代简约风格演绎得优雅而平衡，考究的圆形台桌家具恰到好处，整个空间在满足客人居住需求的基础上，使居住者在心灵及生理上获得了愉悦与舒适。竖向按比例排列组合木饰面板，采用拉丝黑钢压条分割，局部嵌入装饰画点缀；不锈钢线条具有高强、耐蚀、表面光洁如镜、耐水、耐擦、耐气候变化的特点。

标准单人房局部

材料：扪布、木饰面、仿大理石瓷砖、拉丝黑钢、银镜、古铜蚀花。

饰面收口工艺要点：收口施工前，应准备好收口金属线条，并对线条进行挑选。金属装饰线条表面应无划伤痕和碰印，尺寸应准确。检查收口对缝处的基面固定得是否牢固，对缝处是否凸凹不平，并查其原因，进行加固和修正。各种线条的对口应远离人的视平线，或置于室内不显眼处。特别是接口较明显的金属线条，更应注意线条的对口位置安排。

标准单人房

行政套房

设计：房型为扇形，两面朝海，视野开阔，景观极佳，无时无刻都能欣赏深圳湾海景。

材料：地面地毯、墙面橡木木成品挂板饰面板、扪布，轻钢龙骨石膏板吊顶，四周暗藏灯管。

技术分析：墙面弧形木饰面，与平面木饰面相比，造型难度大，施工完成后容易变形，如何保证此部分施工完成后造型稳定，是此部分工程的技术难点。

行政套房

木作弧形拼接工艺：

主要工艺流程 深化施工图施工准备→墙面处理→现场测量墙面的具体的尺寸→与排版图对应→核对尺寸及检查误差→调节板材的尺寸→寻找开线点弹线→根据排版图已经调整的尺寸放全部纵向线一弹至少三根横向水平通线→弹每块板的具体位置线→弹出每根型钢龙骨固定码位置点→打眼安装固定龙骨（40mm × 20mm 轻钢龙骨）→底部木作基层安装→面层木饰面施工

深化施工图 施工前审核施工图纸，确认轻钢龙骨结构受力是否合理（检查龙骨密度，起弧处必须设立龙骨，与基础板进行固定），木作基层板拼接位置是否科学（弧形弯曲位置必须为整板弯曲，弯曲半径 500mm 内不容许拼接，确保施工完成后板材受力均匀、不变形）。

行政套房局部

墙 面 处 理 对结构面层进行清理，同时进行吊直、找规矩、弹出垂直线及水平线。并根据内墙防火木饰面板装饰深化设计图纸和实际需要弹出安装材料的位置及分块线。墙面防火木饰面板的分格宽度水平方向为 600mm，垂直方向为 1200mm，局部按深化设计要求作调整。也可以按照设计要求用其他规格的板材。

施工测量放线 按装饰设计图纸要求，复查由土建方移交的基准线。放标准线：木饰面板安装前要事先用经纬仪打出大角两个面的竖向控制线，最好弹在离大角 200mm 的位置，以便随时检查垂直挂线的准确性，保证安装顺利。在每一层将室内标高线移至施工面，并进行检查；进行精密放线（重点针对面层造型位置尺寸），确保施工完成后达到设计要求（如弧度、拼接牢固程度、抗变形能力等）。在放线前，应首先对建筑物尺寸进行偏差测量，根据测量结果，确定基准线。以标准线为基准，按照深化图纸将分格线放在墙上，弧形墙面弧线在地面与订墙处做好标记。分格线放完后，应检查膨胀螺栓的位置是否与设计相符，如不相符则应进行调整。竖向挂线宜用 Φ1．0 ~ Φ1．2 的钢丝为好，下边线锤随高度而定，一般 20m 以下高度沉铁重量为 5 ~ 8kg，上端挂在专用的挂线角钢架上，角钢架用膨胀螺栓固定在建筑物大角的顶端，一定要挂在牢固、准确、不易碰动的地方，并要注意保护和经常检查，在控制线的上、下做出标记。如果通线长超过 5m，则用水平仪抄平，并在墙面上弹出防火木饰面板待安装的龙骨固定点的具体位置。需注意，宜将本层所需的膨胀螺栓全部安装就位。应按设计要求复查膨胀螺栓位置误差，当设计无明确要求时，标高偏差不应大于 10mm，位置偏差不应大于 20mm。

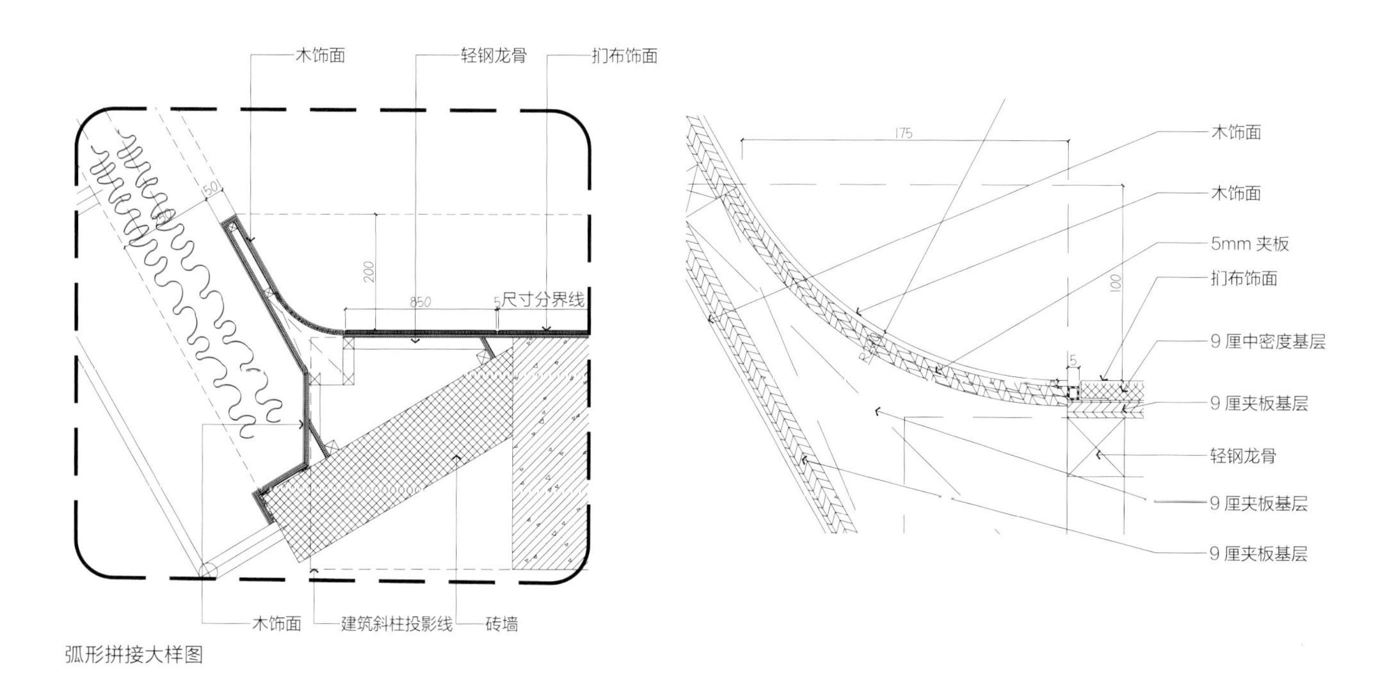

弧形拼接大样图

固定纵向通长主龙骨

40mm×20mm 轻钢龙骨。根据控制线确定骨架位置，严格控制骨架位置偏差；防火木基层板主要靠骨架固定，因此必须保证骨架安装牢固。用膨胀螺栓固定连接墙体，安装时务必用水平尺使龙骨上下左右水平或垂直。

底部木作基层安装

木材含水率控制在 8% ~ 12%，基层采用 9 厘夹板与轻钢龙骨进行连接固定，转交弧形位置采用 5mm 夹板，起弧与落弧位置可适当增加螺栓进行加固连接。先安装底层板，等底层面板全部就位后，用激光标线仪检查一下各板水平是否在一条线上，如有高低不平的要进行调整，直到面板上口在一条水平线上为止；先调整好面板的水平与垂直度，再检查板缝，板缝宽横向为 8mm，竖向为 4mm，板缝均匀。然后安装锁紧螺钉，防止板材横向滑动。防火木基层板最下端距地面的距离为 8mm，竖龙骨预留到地，下端预留的部分用硅胶嵌缝。需注意，板材拼接时，若有边缝、端缝时，一般先拼装边缝。为了减少横缝的切割工作量，在拼接时应将端缝对齐。如果不用花篮螺栓紧固，要先在中间和两端固定，然后再加紧密定位。若先装端缝，由于边缝尺寸较长，定位的收缩变形较大。对于大面积拼接可分成几片分别拼接，随后再进行片与片之间的横向拼接。

面层木饰面施工

选板：根据设计要求和施工的部位对贴面板的种类、花色、规格分类挑选，要求同一施工房间或部位的饰面板颜色、花纹要基本一致。面板试拼：将饰面板按设计要求的规格、花色、位置进行裁割试拼，试拼时，面板的接缝、木纹、颜色、观感应符合要求。切割板材时，线路要直，防止崩边，加工完编号备用。涂胶：在底层板上及装饰面板底面上各涂胶粘剂一道，涂胶应均匀，不得漏涂、厚薄不均，胶中无砂粒及其他杂物。安装饰面板：根据预排编号及底层板上弹线位置，将面板顺序上墙，就位粘贴，有拼缝要求的根据图纸要求预留位置，无拼缝要求的，在粘贴时注意拼缝对口、木纹图案等，并把接缝留在不明显处（如在 500mm 以下或 2000mm 以上），阴阳角的拼缝应平直。每块面板上墙后，随时与各相邻板面调平理直，相近板材拼接处木纹纹理应相互衔接通顺，安装完毕后将挤出胶液及时清理干净。

标准套房

设计：本套间包含门厅、书房、客厅、餐厅、卧室、洗手间、吧台、备餐间。面积196m^2，为最大的行政套间，可满足不同的需求，功能上配套齐全。在色调上以统一的竖纹木饰面板装饰和浅色的扪布床头背景对比，墙面使用硬朗的拉丝黑钢线条走边，现代中体现着时尚。

材料：酸枝木直纹、橡木木饰面板、橡木直纹（深色）、黑钢、黑镜钢、不锈钢，古铜镜面材料：银镜、夹丝镜。

工艺：墙面木作饰面板浅色钢琴烤漆，浮雕橡木直纹成品挂板，床头背景扪布拉丝黑钢压条分割，古铜蚀花装饰，客房木饰面、木门、不锈钢、玻璃等材料均在工厂定制加工，现场安装精度要求高，经过精细的工序化管理，质量监督体系的把关，达到非常精细的质量要求和精致的效果。

标准套房

标准套房局部图

西藏昌都金泰名人酒店装饰工程

项目地点

西藏自治区昌都市卡若区茶马广场城市之心

工程规模

装修面积约 13580m^2

建设单位

昌都县吉桑房地产开发有限公司

获奖情况

2019-2020 年度中国建筑工程装饰奖

社会评价及使用效果

金泰名人酒店位于西藏自治区昌都市中心的茶马广场，紧邻西藏第三大藏佛寺院强巴林寺，交通便利、地理位置优越。金泰名人酒店是一家集商务、休闲、美食、康乐、会议、住宿等功能于一体的综合型酒店，目前已成为昌都市最具影响力的地标性建筑

一层大堂实景图片

电梯厅
卫生间
商 场
自助银行
公用电话

金泰名人酒店外景

设计特点

金泰名人酒店建筑的平面布局功能合理、分区明确、交通导向便捷、流线清晰、安全适用、 舒适。

整个建筑的功能布置包括负一层地下停车场、办公区，一层为酒店大堂、休息区、咖啡吧、后勤办公室和一些管理用房，二层为商业、美食城，三层为 KTV ，四层为全日制餐厅、中餐包房、宴会厅及行政会议中心，五层为足浴城，六层至十一层为客房部分，包括单人间、标准间、套间、总统套间等。

整个酒店的设计新颖，充分采用了西藏特有的民族元素，在色彩方面充分尊重藏式建筑的传统色彩，以红色、黄色为主色彩，彩画及各种图案和色彩均具有一定的宗教含义及美好吉祥的寓意，充分体现了“以人为本”的设计原则，将地域文化、人文文化和现代酒店文化结合起来，精心营造了一个人工雕琢与自然环境相互渗透、融合，人性化、高规格并富有地域特色的现代星级酒店。

功能空间介绍

一层大堂

设计：地面大部分以缅甸灰大理石为主，且颜色深浅分明、配搭合理。顶棚整体采用轻钢龙骨石膏板，面刷白色乳胶漆。中间花形叠级金箔饰面在灯光照耀下金光闪闪，犹如一朵绽放的金色花朵，熠熠生辉。花形四周为红色烤漆木饰面柱子，四角嵌镀铜色不锈钢圆形收边烘托，后方辅以蓝色烤漆木花格屏风与黄古铜金属不锈钢花格屏风，浓浓的中国红与闪闪发光的金色相互映衬，凸显了当地浓浓的民族风情。

材料：地面缅甸灰大理石、暗红色木地板、手工编织活动地毯；墙面缅甸灰大理石、金色烤漆木饰面、红色烤漆木饰面、蓝色烤漆木花格屏风、超白钢化玻璃、黄古铜金属不锈钢花格屏风、定制铜浮雕屏风、黄色背景硬包扪布；顶棚石膏板刷白色乳胶漆、金色烤漆木饰面、金箔。

技术分析：大堂柱子以具有西藏元素的红色为主色调，搭配四根金色不锈钢圆管造型收边，柱子的立板各分为两块，中间缝隙不锈钢收口，为保证柱子与顶棚完美结合，柱子顶部做悬挑灯槽，暗藏 LED 暖黄灯带，同时，金色不锈钢圆管造型收边柱是施工重点，由于是半圆形，且覆盖面内凹，无法直接粘胶进行固定。

大堂红色烤漆木饰面包柱施工工艺：

施工准备　在施工前检查圆柱体轴线位置、几何尺寸、垂直度、平整度等。对圆柱体表面进行清理及防潮、防腐处理。施工材料准备：木龙骨、衬板等木材的树种、规格、等级、含水率和防潮、防腐必须符合设计要求及国家现行标准的有关规定，所有木质部分均应做防火处理，达到消防要求；饰面板材按设计要求选择，必须由专业工厂加工；结构所用的角钢的规格、尺寸都应符合设计要求及国家现行标准的有关规定；还要准备好白乳胶、万能胶、膨胀螺栓、自攻螺钉等。技术准备：根据会签的设计施工图纸，深化设计，绘制大样。编制单项工程施工方案，对施工人员进行安全技术交底。

工艺流程　弹线、定位→制作木龙骨骨架→钉胶合板基层→与建筑连接→柱体饰面安装→柱子收口封边→现场清理

弹线、定位 测量方柱的尺寸，找出最长的一条边，以这条边为边长，用直角尺在方柱底弹出一个正方形（基准方框），标出每条边的中点。根据基准方框每条边的中点弹出每边的中线，顶面基准顶框可通过底边框吊垂线的方法画出，以保证地面与顶面的一致性和垂直性。

制作木龙骨骨架 根据画线位置及现场实测情况，确定竖向和横向龙骨及支撑杆等材料尺寸，按实际尺寸进行裁切。横向龙骨制作：采用 18mm 左右厚的细木工板或中密度纤维板来加工制作，横向龙骨的间距为 300 ~ 400mm。竖向龙骨制作：在画出的装饰柱顶面线上向底面线垂吊基准线，按设计图纸的要求在顶面与地面之间竖起竖向龙骨，校正好位置后进行固定。木龙骨的连接：连接前必须在柱顶与地面间设置形体位置控制线， 控制线主要是吊垂线和水平线；木龙骨的连接可用槽接法，即在横向、竖向龙骨上分别开出半槽，两龙骨在槽口处对接，在槽口处加胶加钉固定，这种连接固定方法具有良好的稳定性。加胶钉连接法是在横向龙骨的两端头面加胶，将其置于竖向之间， 再用铁钉斜向与竖向龙骨固定，横向龙骨之间的间隔距离通常为 300 ~ 400mm。

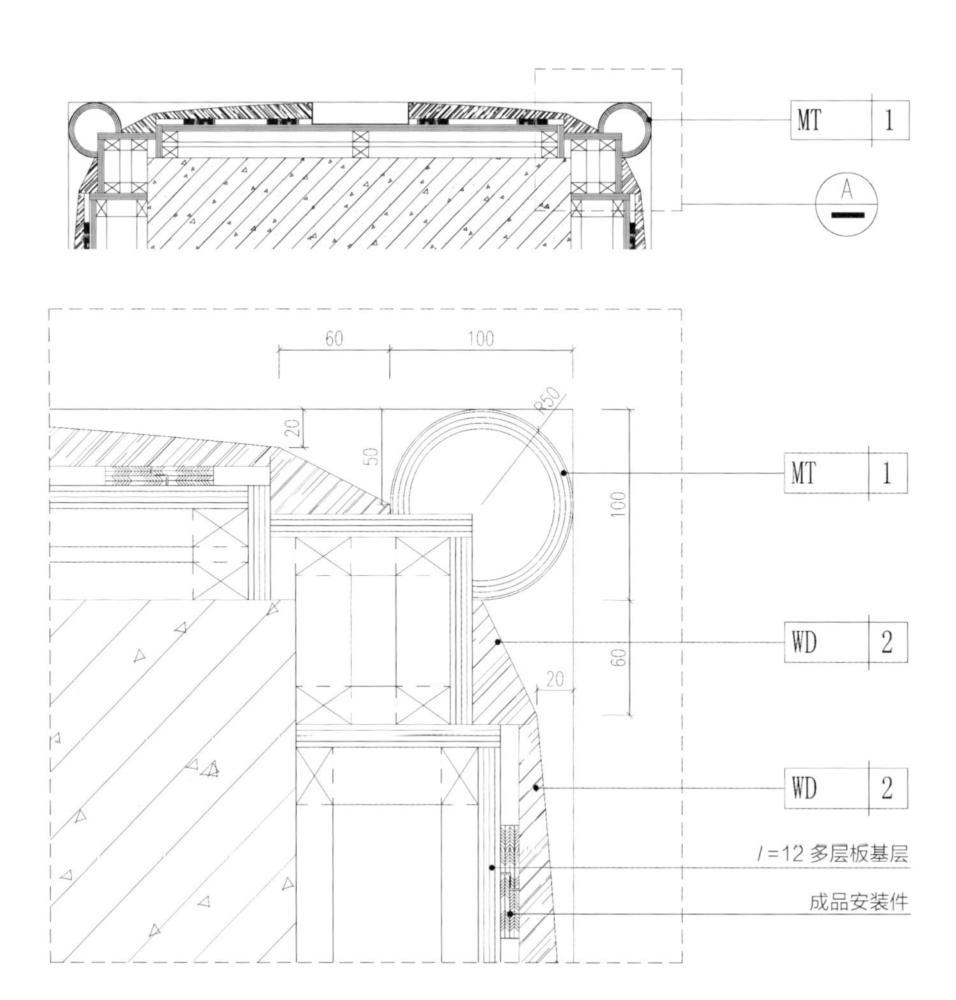

一层大堂柱子大样图

安装胶合板基层 固定木龙骨骨架后，基层衬板采用 12mm 多层板粘贴在木骨架上，然后用气钉从一侧开始钉胶合板，逐步向另一侧固定。在对缝处，用钉量要适当加密，或用 U 形枪钉。钉头要埋入木夹板内。

柱体饰面安装 安装面板前，对龙骨位置、平直度、钉设牢固情况、防潮构造等进行检查，合格后进行安装。挂板配好后进行试装，在挂板尺寸、接缝、接头处构造完全合适，木纹方向、颜色的观感在符合装饰要求的情况下，才能进行正式安装。面板接头处应涂刷白胶与龙骨卡牢，钉固面板的钉子规格应适宜，防止钉头外露影响美观，在固定挂板时从侧面打钉。挂板安装牢固平整，花纹颜色统一。柱子整体采用红色烤漆木饰面，由工厂排版定制，每一面由两块组合而成，木饰面端部预留 15mm 拼接缝通过不锈钢扣条收口。

柱子收口封边 柱体装饰完成后，要对上下端部收口封边。柱角采用圆形金色不锈钢收边，柱面两块木饰面交接处用（5+10+5）mm 不锈钢折边收口，保证表面不见收边缝。按照设计图纸在下部做石材地角线，上部根据设计做造型，注意上下端部收口封边线的交合。

现 场 清 理 全部安装完成后，先用铲子将板面四周溢出的结构胶铲除，然后用清水、软布轻轻擦洗干净，清理干净后将现场工具收齐，打扫现场，确保饰面及现场干净整齐。

大堂红色烤漆木饰面包柱照片

四层中餐包房实景

四层中餐包房

设计：整体设计布局方正雅致。水晶吊灯于房间顶部正中，下方圆桌对应放置，侧方墙面居中位置大幅花朵饰面墙画同样正对着圆桌与吊灯，墙、顶、地三部分对应呼应，加之水晶吊灯在顶部白影套黄灰色亮光漆木饰面和四周金箔之上的照映反射，光影律动，让在圆桌周边用餐之人犹如置身于空间中心，仿佛周边事物皆朝之汇集，用餐体验得以美好升华。

材料：地面印花地毯，墙面玫金色皮革，顶棚白影套黄灰色亮光漆木饰面、金箔、水晶吊灯。

技术分析：包房顶棚四周以石膏板吊顶，中间以木饰面吊顶，且四周做成弧形，弧形吊顶贴金箔是本包房施工的重点，如何保证四周弧形吊顶的位置、标高、弧度等准确是施工过程中的重中之重。

金箔吊顶施工工艺：

施工准备：根据现场各工序、工种、不同队伍之间相互制约条件，确定施工顺序。熟悉施工图纸及设计文件，熟练掌握图纸中涉及的节点大样。在吊顶施工前，顶棚内的电器布线、接线、空调管道、消防管道、供水管道、报警线路等必须安装就位，隐蔽验收合格。顶棚经墙体通下来的各种开关、插座线路安装完毕。施工材料基本齐备。施工工具准备：电锯、曲线锯、射钉、手锯、手刨子、钳子、螺丝刀、方尺、钢尺、钢水平尺等。技术准备：根据会签的设计施工图纸，深化设计，绘制大样。编制单项工程施工方案，对施工人员进行安全技术交底。

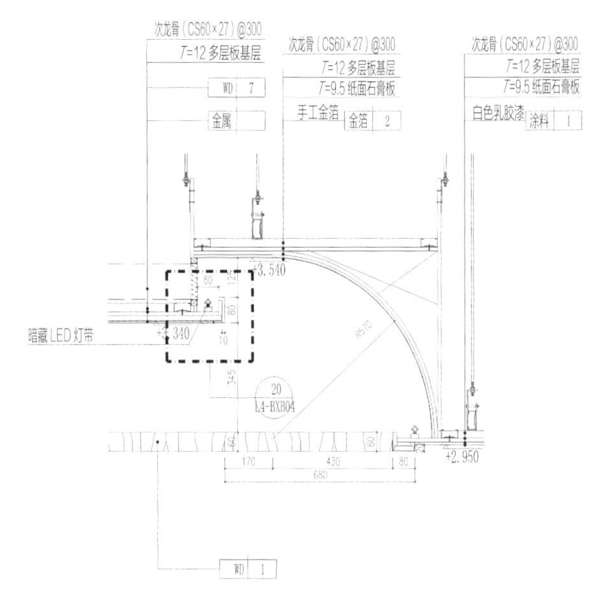

包房顶棚施工大样图

工艺流程：

弹线→安装大龙骨吊杆→安装大龙骨→安装中龙骨→安装小龙骨→安装罩面板→贴金箔→现场清理

弹　　线　根据楼层标高线，用尺竖向量至顶棚设计标高，沿墙、柱四周弹顶棚标高，并沿顶棚的标高水平线，在墙上弹出板块分格位置线。

安装大龙骨吊杆　在弹好顶棚标高水平线及龙骨位置线后，确定吊杆下端头的标高，按主龙骨位置及吊挂间距，将吊杆固定于楼板顶面。

四层中餐包房细节图

安装主龙骨吊　　杆　配装好吊主杆螺母，在主龙骨上预先安装好吊挂件，将组装吊挂件的主龙骨，按分档线位置使吊挂件穿入相应的吊杆螺母，拧好螺母；再装好连接件，拉线调整标高起拱和平直，安装洞口附加主龙骨，按照图集相应节点构造设置连接卡，固定边龙骨，采用射钉固定。

安装次龙骨　按已弹好的次龙骨分档线，卡放次龙骨吊挂件，按设计规定的次龙骨间距，将次龙骨通过吊挂件，吊挂在主龙骨上，间距一般400 ~ 600mm。

安装横龙骨　按已弹好的横骨分档线，卡装横龙骨吊挂件，按设计规定的横龙骨间距，将横龙骨通过吊挂件，吊挂在次龙骨上，间距一般600mm。

安装罩面板　在已装好的并经验收的轻钢骨架下面，按罩面板的规格，拉缝间隙进行分块弹线，从顶棚中间顺次龙骨方向开始先装一行罩面板，作为基准，然后向两侧分行安装，固定罩面板的自攻螺钉间距为200 ~ 300mm，四周做成弧形状，半径 R570mm，同时安装好灯槽及出回风口位置。

贴　金　箔　首先在石膏板基层满刮腻子粉，并用砂纸打磨平滑。然后把羊毛滚刷用水浸湿、挤干，均匀地沾上底漆，涂刷时应在墙上直上直下地均匀滚涂。羊毛滚粘料不要太多，一般应采用料盒粘料。待底漆干燥后用毛刷涂刷金箔专用水性胶水，胶水应均匀、无气泡、无留痕、无积胶。然后用生宣纸吸附胶水至涂层微薄稍干状态。待胶水稍干就可以开始贴金箔。把金箔连同毛边纸用镊子夹起，然后将金箔的一面贴在物体表面，手法要轻，金箔粘在物体表面的同时，可以用嘴轻轻地吹一下，使金箔平展。这样一张接一张地贴上去。贴的时候最好两个人分工，一个人贴，一个人同时用纯棉布（要质地柔软的）包裹棉花轻轻拍打已经贴上去的金箔，不断地拍打，确保金箔表面平滑，对于凹的地方，把棉布或棉花做成适合的形状来拍打，再结合柔软的羊毛笔刷来回轻扫，使金箔表面与涂有胶水的表面紧密结合，然后将衬纸从金箔上剥离下来。检查贴金箔表面，发现有漏贴的地方用金箔进行修补，修补需用软毛笔将干净的金箔重新补上。检察无漏贴后，用羊毛软刷在金箔表面上旋揉（需要施加力度，顺金箔连接贴缝处着力），以便把金箔之间的连接痕迹揉掉，从而让金箔亮起来。金箔贴好 24h 后在金箔表面上喷涂或涂刷一层专用贴箔保护油。

现 场 清 理　全部安装完成后，用清水、软布轻轻擦洗干净，清理干净后将现场工具收齐，打扫现场，确保饰面及现场干净整齐。

客房

设计：墙面采用浅色橡木亚光漆饰面板与以银灰色、玫金色为主配色的皮革，各部分整齐分块搭配，层次分明，色泽明快简练。顶部采用方形走边式吊顶，利落的直线边角与墙面色泽明快整齐分块的皮革饰面形成了良好的搭配，体现了质朴的现代简约风格。卫生间顶棚采用白色防水乳胶漆，墙地面均采用古堡灰大理石饰面，镜面处理后的古堡灰在灯光照耀下熠熠生辉，灯光同时闪耀在洁白的洁具表面，与洁白的洁具、挂画、毛巾等构成了一幅舒适的画面。

材料：客厅及卧室地面印花地毯、卫生间地面古堡灰大理石，客厅及墙面直纹花梨亮光漆木饰面、玫金色皮革、银灰色皮革，卫生间墙面古堡灰大理石、顶棚白色乳胶漆。

工艺：顶部方形走边式吊顶造型简单，但工艺精细，边线笔直，基层腻子施工时采用铝条压边控制直线度，然后表面精细打磨修整，直至喷涂乳胶漆完成，完成后检验，直线度偏差小于 1mm。

客房客厅

客房卧室

客房卫生间

客厅吊顶

四层餐厅

设计：大面积的红色亮光混漆木饰面，布置有镂空花格、墙面平板，辅以镀铜色不锈钢，再映衬着顶部玫瑰金边框的水晶吊灯，与酒店整体设计氛围一致，现代、富丽而有民族韵味。顶部水晶吊灯的玫瑰金边框与灯光照耀下的古堡灰地面相映成趣，顶部过梁处展示柜雕梁画栋、造型精致，与大堂总台北京黄铜浮雕遥相呼应，整体设计浑然一体，盎然成趣。

材料：地面古堡灰大理石、木地板，墙面红色亮光混漆木饰面、灰影（白影木套色 6 分光）木饰面、柱子干挂爵士白大理石、红色木花格屏风、夹丝艺术玻璃隔断，天花白色乳胶漆、灰尼斯木饰面、红色高光漆木花格。

四层餐厅（一）

工艺： 餐厅地面主要采用古堡灰大理石，局部区域配以木地板，墙面柱子两面采用干挂爵士白石材对称，另外两面红色亮光漆木饰面对称，顶棚红色高光漆木花格采用镀锌吊杆加强筋吊挂，保证木花格不掉落，吊柜过梁处浮雕由厂家定做。

餐厅过梁处木浮雕

四层餐厅（二）

武汉国际博览中心会议中心装饰工程

项目地点

湖北省武汉市汉阳区晴川大道 666 号

工程规模

装饰面积 71453m^2

建设单位

武汉新城国际博览中心有限公司

获奖情况

2013-2014 年度全国建筑工程装饰奖
2014-2015 年度中国建设工程鲁班奖

社会评价及使用效果

武汉国际博览中心会议中心交付使用以来，为多次召开的全国大型展会提供了接待、宴会场所，各系统功能良好，极大地提升了武汉市的会展中心地位

会议中心外景

设计特点

武汉国际博览中心是一座集展览、会议、酒店、商务、文化休闲、旅游功能于一体的多功能复合型绿色生态国际博览城。会议中心位于会展区和酒店区中间，造型新颖、结构复杂、科技含量高。以“采楚文化之浪漫、取长江水之波澜”为主题，外观呈椭圆形，动如展翅的大鹏遨游碧波蓝天，形如张合的贝壳畅饮长江之水，状若绽放的莲花盛开在国博中轴线上，建筑富于张力，彰显了楚汉文化之内涵。

公司承接的装饰部分为会议中心一至五层室内精装修项目及室内外标识系统，包括室内装修、给水排水、电气照明、弱电系统。项目整体以简欧风格为主，辅以特色楚汉文化装饰点缀。空间打造上运用了现代古典手法，体现了武汉中西交融的城市历史及人文底蕴。富丽堂皇的设计，将武汉高度发达的城市实力展现在国际友人面前。室内设 33 个会议厅，其中有 20 个标准会议厅、6 个豪华会议厅、3 个楚汉文化会议厅、1 个国际报告厅、2 个中型会议厅、1 个超大型宴会厅。宴会厅可容纳 10000 人进行会议或宴会。无论是室内淳厚朴实、大气简约的会议厅，还是外部造型新颖的大跨度钢结构外幕墙，其构造之复杂、科技含量之高，国内罕见，是湖北省公共设施建设的里程碑。

二层大堂

分功能空间介绍

二层大堂

设计：主入口成排欧式立柱耸立，给人大气磅礴、沉稳之感，放眼望去，地面大面积拼花造型石材铺贴，不同类型石材的拼花环环相扣，顶面大型船形水晶吊灯悬挂，整体空间视觉宽阔，造型新颖，豪然之气顿生，远眺铜雕墙面悠然入眼，顶棚成排灯影映射，宛如夜间满天繁星点缀星空。

材料：地面石材造型采用奥特曼大理石、黑金花大理石、金碧辉煌大理石拼花造型，圆柱造型采用金蜘蛛石材（高 15m），上部 GRG 造型柱帽以金箔装饰。墙面造型采用铜板浮雕，电梯门头铜艺装饰。顶棚采用了椭圆形造型吊顶并配置 GRG 浮雕顶板，与桃花芯饰面相壤，装点船形水晶吊灯。

技术分析：本会议中心地面及墙面石材采用量大且种类多，为避免石材出现严重色差（因天然石材不同批量存在不同的色差属必然），如何保证铺贴时相邻石材块料纹理、花型对应，以及后期铺贴的平整度，是大面积铺贴必须面对的问题。所以分区域施工，保证一次下料完毕，一次抄平确保平整度。

二层大堂细部图

大面积石材铺设工艺：

施工准备　设计选定的石材应封样保存，水泥应做复试，大面积铺设编制施工方案，并做好班组技术交底。按照现场测量数据，审核各种不同类型石材使用量的准确性，并将后期维修保养石材计入总量。要求供货厂家一次性将相同类别石材备供充足，保证同类别石材采自同山、同矿、同脉荒石。为避免地面反碱及反色现象发生，石材出厂前全部严格对每片石材进行六面防护处理。石材生产时，派遣技术人员到生产供货厂家对各区域石材选料对应排版、编号切割。为得到理想的装饰效果，严格要求包装、运输及搬运途中成品保护环节，把破损降到最低限度，避免再次补料纹理、花型混乱的情况出现。对所有进场石材的品种、规格、质量和数量进行严格检查和核对，合格后方可进场使用，所有进场石材计入材料入库单。所有石材做好标识，按照现场就近施工原则分类堆放。使用时，由专人进行领料，防止错拿，造成管理混乱。

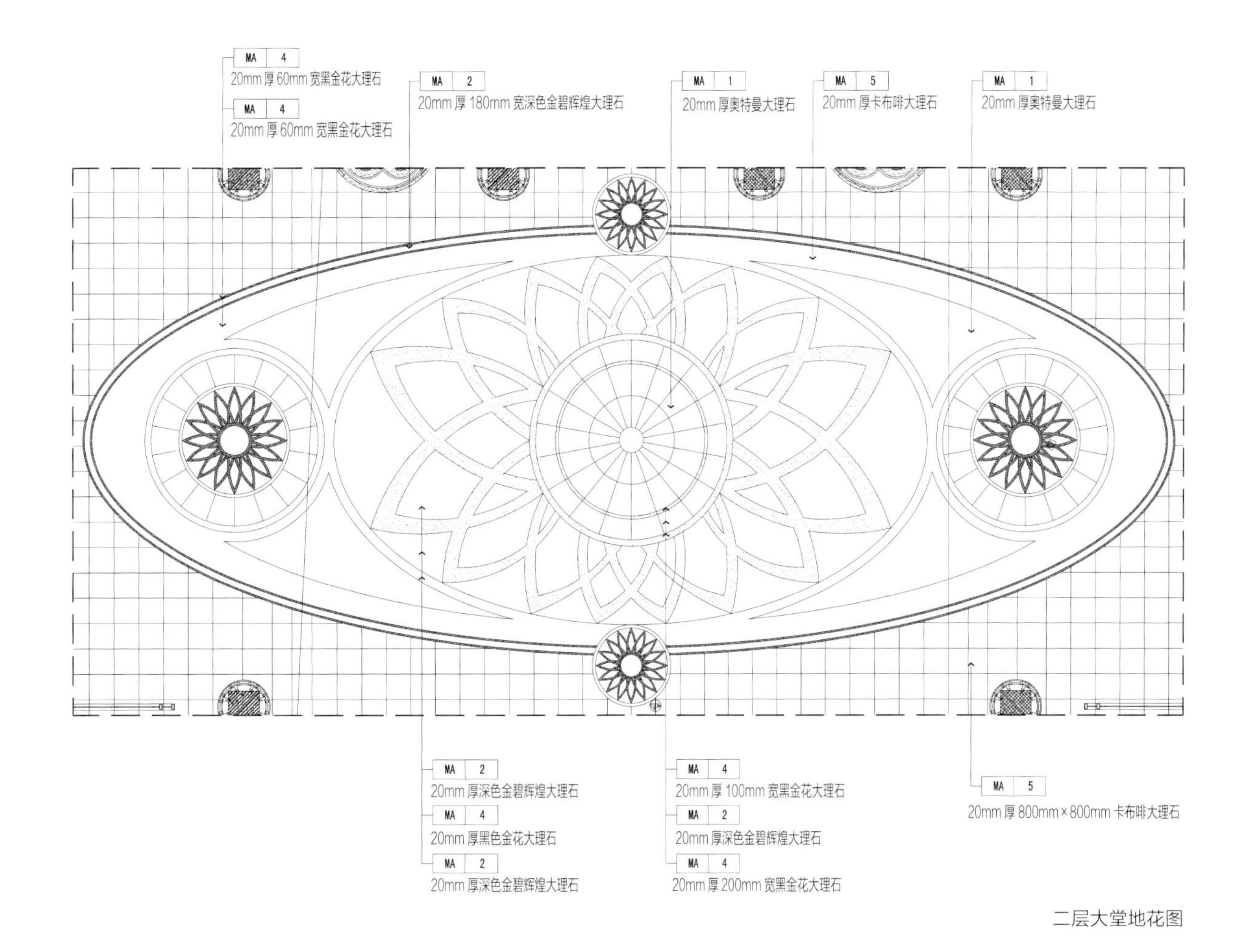

二层大堂地花图

基层处理 先将基层上的灰尘扫掉，用钢丝刷和錾子刷净，剔掉灰浆皮和灰渣层。

测量放线 施工前先将需铺设区域分区域划分，用经纬仪、激光水准仪等对各区域测量、弹线、标高，做好标记，在不同功能区分割处预留伸缩缝，依照石材的尺寸留缝，排出石材的放置位置，并在基层地面弹出十字控制线和分格线，尤其是铺贴中间大型造型石材时，应按照设计图案弹出准确分格线，做好标记，并专门进行图纸深化，绘制相应的材料编码放样图。排石材时应符合设计要求，避免出现板块小于 1/4 边长的边角料。

现场排版 施工前应对进场石材进行初步预排，施工时严格按照编号铺设。

铺设结合层砂浆 铺设前应将基底湿润，并在基底上刷一道素水泥浆或界面结合剂，随铺设随刷搅拌均匀的干硬性水泥砂浆，用抹子拍实或将铺样石材用橡皮锤敲实。

铺石材 现场铺贴时石材背面严格要求采用白水泥或添加白色石材专用胶粘剂。对于施工区域在一层或反潮现象严重的地面，铺贴石材前需先对该处地面进行防水涂层处理，经检测不漏后，方可进行石材铺贴。将石材放置在干拌料上，用橡皮锤找平，之后将石材拿起，在干拌料上浇适量素水泥浆，同时在石材背面涂厚度约 1mm 的素水泥膏，再将石材放置在找平过的干拌料上，用橡皮锤按标高控制线和方正控制线坐平坐正。铺石材时应先按照区域划分，在区域衔接处按照十字线铺设十字控制石材，之后按照十字控制石材向四周铺设，并随时用 2m 靠尺和水平尺检查平整度。用水准仪一次抄平以减少误差，高精度要求，分格弹线方可进行石材铺设。每铺设一定范围，就抄平一次，偏差不在规定范围内，拆除重新调整铺设。同时，为防止日后温差、石材内部水气压力等造成石材起鼓开裂，在不同功能期分割处预留伸缩缝，并用中性硅酮密封胶密封。

养护 石材面层铺贴完 24h 内应开始洒水或喷水养护，养护时间不得小于 7d。

勾缝 当石材面层的强度达到可上人的时候，进行勾缝，用同种、同强度等级、同色的水泥膏或 1 ： 1 水泥砂浆或同色填缝剂勾缝，要求缝清晰、顺直、平整、光滑、深浅一致，缝应低于石材面 0.5 ~ 1mm。

成品保护 为避免交叉施工中发生地面铺贴踩踏现象，将通道施工区域按轴线分段、分边完成。确定已铺贴完成面可以踩踏时将其完成面清扫干净后，先用塑料薄膜覆盖，再用石膏板满铺保护，当水泥砂浆结合层强度达到设计要求后，再进行下一段施工面作业。后续工程在石材面上施工时，必须进行遮盖、支垫，严禁直接在石材面上动火、焊接、和灰、调漆、支铁梯、搭脚手架等；进行上述工作时，必须采取可靠保护措施。

二层走道

设计：走道空间按照柱位来划分，顶棚为半弧形，宛如天穹在顶，地面顺直通透，给人空间开阔之感，墙面顶棚弧形衔接面饰金箔，配上顶面欧式吊灯，整体营造宫廷之风貌，高贵典雅。

材料：前厅及走道地面为奥特曼大理石、金碧辉煌大理石、卡布啡大理石、黑金花大理石以及陶瓷锦砖混合拼花。走道墙面采用皇妃米黄石材造型柱面，门套为红棕色桃花芯饰面板。两侧顶棚采用 GRG 弧面造型板，金箔点缀，吊顶采用藻井弧形顶棚，装点水晶吊灯及灯带。

工艺：大量采用成品挂板，为确保进度及质量双赢，事前对各轴段面现场尺寸与设计尺寸进行了复核，确定各施工面施工尺寸；严格地控制好各区域挂板基层面的纵横尺寸，将误差控制到最小范围；然后按区域编号排版，提供给生产厂家；确保生产厂家严格按提供的编号、尺寸排版，控制饰面纹理生产，确保色调及木饰面纹理一致。工厂化极大地提高了饰面板素色油漆的施工质量，有效地缩短了施工周期。所有弧形顶面及侧边弧形造型 GRG 由厂家定制，保证工艺的精细和造型的完美。

二层走道

会议厅

设计：会议厅融合了不同的设计风格，有楚汉风、有欧典风，采用了不同装饰材料来达到设计效果。中西文化的碰撞，在此得到很好的诠释。

材料：会议厅地面采用羊毛提花地毯，墙面采用金碧辉煌大理石及硬包吸声装饰板。

工艺：硬包基层板采用 5mm 厚木石吸声冲孔薄板（孔径为 4mm，穿孔率为 5%），板后与墙体留空腔并内填岩棉，此做法能有效地降低中低频混响时间从而达到各会议厅的声学要求，会议系统的吸声效果得到优化。

二层楚汉厅

三层中会议室

二层报告厅

四层会议室前厅

四层会议室前厅

设计：会议闲暇之余，前厅休息处是个好去处，这里空间宽阔，可减少不必要的干扰。根据使用功能的不同，依据立柱位置划分顶棚及地面区域。三环相扣的顶棚造型，配置水滴状吊顶，犹如水面涟漪，温情宁雅。

材料：走道墙面采用皇妃米黄石材造型柱面；顶棚为欧式的复杂造型，现场采用了 GRG 成型板制作，其他部位采用轻钢龙骨、防火、防水石膏板吊顶，部分顶棚采用装饰成品板及席纹壁布。

工艺：顶棚造型为保证平整及线条顺直，采用 GRG 成型板厂家定制，整体与地面石材造型对应，和谐统一。

五层大宴会厅

设计：顶面多层钢制转换层，6000m^2 无柱设计，营造出豪华气派的宴会大厅，这在全国会展空间中都实属罕见。需要时可以根据要求，利用轨道门划分多个空间。

材料：地面采用红色提花地毯及拼花石材地面相接。门套造型采用黑金花石材及柱面采用金碧辉煌石材祥云浮雕。米色吸声硬包装点墙面，配置云石灯带、车边棱镜。超高的雕花装饰木门，配置仿古月形铜艺真皮拉手。顶棚空间共有 24 个超大 GRG 造型穹顶，配有直径为 5m 的水晶吊灯。

五层大宴会厅天花造型细部

五层大宴会厅

五层大宴会厅天花造型细部图

技术分析：顶棚空间共有 24 个超大 GRG 造型穹顶，是本项目的一大设计亮点，如采用传统异形金属板材或者木制造型安装施工，耗时长、造型造价昂贵、加工精度要求高、板块间的接缝无法消除。为保证各施工面同步施工，在进行吊顶钢制转换层及墙面装饰层面施工的同时完成造型部位的预制作，吊顶造型采用了成品 GRG 定制安装。

GRG 预制件安装工艺：

施工准备 熟悉审查施工图纸、有关的设计资料及设计依据、施工验收规范和有关技术规定。施工人员在进场前，必须进行技术、安全交底。建立各项管理制度，如施工质量检查和验收制度、工程技术档案管理制度、技术责任制度、职工考核制度、安全操作制度等，并严格执行国家行业标准。根据宴会厅吊顶施工区域中心控制点及中轴控制线，计算出吊顶完成面尺寸，再复核各区域尺寸与设计的吻合性，如出现大的尺寸误差需对造型尺寸作相应调整，确定准确尺寸后交生产厂家进行开模制作，且将现场安装（如固定、重量、对接缝处理）等各种因素对生产厂家有详细交底。考虑到单个 GRG 造型体积大、重量过重，会影响整个吊顶施工方案及安全荷载要求，故要求生产厂家按便捷安装重量，将模型合理分块，方便组合安装。厂家应按照深化图纸固定 GRG 造型间的转接件精准定位，在 GRG 造型制作时就预先预埋好带有腰形孔的“T”形预埋挂件。对进场 GRG 必须进场检查：上下口直径尺寸及弧长的准确性是否变形，预埋挂件的牢固性，对接缝处的吻合性，防火性、强度、环保性及光泽度等，检查合格后方可使用。

测量放线 根据设计图纸和装饰工艺要求，结合施工现场测量复核情况，应用计算机 CAD 制图，通过 CAD 放样，精确计算定位，将所有 GRG 造型完成面、横向及竖向龙骨定位、转接件定位等具体定位弹线于顶面上。

吊杆及转接件安装 在 GRG 造型区域所对应的吊顶部位制作完成钢制转换层基层后，预埋好对接 GRG 模型固定的∅ 12 镀锌螺纹吊杆，吊杆下部连接可以转动的“T”形转接件，转接件的一端事先钻好 M12 的螺栓孔。

GRG 造型拼装 根据现场定位，按照 GRG 造型标高控制线及与该成型品板相对应的地面上的控制点，利用激光投点仪及钢卷尺将该点引至成型品的安装位置，用 M12 螺栓穿过预埋“T”形挂件的腰形孔和转接件事先打好的孔，将 GRG 造型与转接件固定在一起，并对 GRG 造型进出位进行微调，保证与设计要求和现场定位一致，且块与块之间过渡自然、衔接流畅。

块接缝处理 将对接缝从便于修复的部位分断，同时在对接分缝处背面增加连接支点，对接完成后用原开模段模型从正面反托，再从背面灌入 GRG 填缝剂，做到正面平整光泽。制作模型的同时可将现场 GRG 造型部位按合理尺寸点位预留，同步完成其他部位的吊顶基层制作，从而缩短施工周期。

刮腻子，打磨 将整个造型板面打磨后，按造型分隔批刮弹性粗腻子，作用是找平，保证造型平整流畅，同时要尽量控制腻子厚度以防止开裂。腻子要求粘结强度高、耐水性好、施工性能好、不起卷，以双组分聚合物水泥腻子为佳；粗腻子施工完成并干燥后，再批刮一道细腻子，干燥后用打磨机或打砂板夹细砂纸打磨平整，扫除浮灰。细腻子的作用是填补粗糙表面，使基面更平整、密实，打磨用 240 ~ 360 目水砂纸，要求不显砂痕与接槎；细腻子批刮干燥后，使用极细腻的抛光腻子对基面薄刮 1 ~ 2 道，干燥后用 600 目以上的水砂纸蘸水仔细打磨，要求不显接槎与砂痕，手摸平整顺滑。抛光腻子的作用是形成一道坚实细腻而致密的腻子层，抛光后喷涂时漆膜丰满。抛光腻子可以防止底漆大量渗入基层，节省涂料用量。

乳胶漆施工 对打磨好的 GRG 造型，待边侧石膏线条安装打磨完毕，统一涂刷防水乳胶漆。

验收 GRG 造型分项工程施工完毕后，按相关设计文件及施工规范要求进行检查验收，主要验收内容有：检查 GRG 造型是否符合设计要求，表面是否光滑流畅，弧形是否过渡自然，有无凹陷、翘边、蜂窝麻面现象，边口是否细腻光滑，预埋件位置是否准确；检查 GRG 造型连接安装是否正确，螺栓连接是否设有防退牙弹簧垫圈，焊接是否符合设计及施工验收规范。

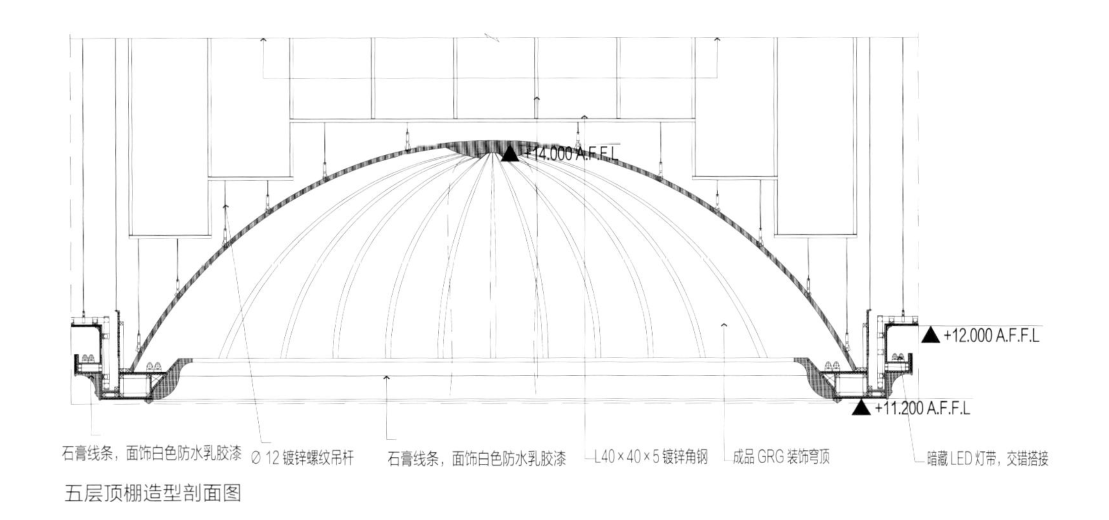

五层顶棚造型剖面图

五层 VIP 电梯厅

设计：电梯厅整体设计色泽鲜明，黄色石材、红色挂板、金色铜艺，三色搭配协调。吊顶方正简洁，搭配冰锥造型水晶吊灯，造型新颖，与地面映衬，墙面铜艺古色古香，给人清新安宁的等候环境。

材料：地面采用奥特曼大理石、金碧辉煌大理石、卡布啡大理石、黑金花大理石以及陶瓷锦砖，电梯厅墙面采用路易十三大理石，墙面铜艺造型，GRG 造型天花配水滴灯饰。

工艺：地面石材造型厂家定制，拼板后现场安装；墙面背景成品挂板、电梯门上铜艺、灯饰都由工厂定制；吊顶一层木板基层一层石膏板，GRG 造型由厂家定制。

五层 VIP 电梯厅

四川茂县羌族博物馆装饰工程

项目地点

四川茂县县城羌兴街南端

工程规模

展陈面积 4220m^2

建设单位

茂县文化体育局

社会评价及使用效果

如今“蓝天雪域为景，碉楼青山为台”的中国羌族博物馆成为茂县的地标式建筑。四川茂县自古被称为“古羌圣地”，是目前我国甚至世界范围极少从远古时期延续至今的民族，是研究人类社会和历史的活标本。“5 · 12”汶川大地震后，四川茂县被国务院确定为国家级“羌文化生态保护试验区”的核心区，在党中央、国务院的关怀和全社会的支持下，由山西省援助，中国羌族博物馆以其独特的羌族建筑风格和崭新的面貌屹立于岷江河畔

羌族博物馆外景

设计特点

按建筑单体分为贵宾厅、4D 影院、主序厅、小序厅，按功能分为自然厅、羌源厅、信仰厅、营盘山厅、茂纹重宝厅、民俗厅、红军厅等。从装饰风格上是以弘扬羌族历史、传播羌族文化、展示羌族文明为主要展现目的，装饰设计和装饰材料主要表现了博物馆展陈方面的文化底蕴，真正承担了“典藏历史、传承文明”的使命。

功能空间介绍

主序厅

设计：主序厅在博物馆中具有重要的地位，是展示主题、增强感染力的重要而关键的空间，为突出博物馆的文化特征，展示了羌族人民为中国革命作出的贡献，祝愿红军长征精神薪火相传。该厅主要采用青铜浮雕的装饰手法，选取最具表现力的羌文化元素中“羌戈大战”和“木姐珠与斗安珠”的古老神话传说，以简洁明快、引人联想的方式，着力渲染、营造序厅中的羌族文化氛围，充分展示、记述羌族悠久的历史记忆与创世观念。

主序厅

自然、地震厅

材料：地面蒙古黑花岗石、卡迪那灰大理石、紫罗红大理石、浅啡网大理石；墙面青铜浮雕背景、木装饰墙面；顶棚轻钢龙骨石膏板。

工艺：墙面定制青铜艺术浮雕装饰背景，木装饰面墙面，高大空间吊顶满堂脚手架搭设施工，地面水刀大理石铺装。

自然、地震厅

设计：“坚持人与自然和谐共生”，共生是生物演化的机制，地球上绝对不会有单独存在的生物；“人是宇宙之精华，万物之灵长”，但这并不意味着人可以凌驾于自然和其他物种之上，求同存异、和谐共生才是建构人与自然关系的不二之举；人类文明的发展、社会经济建设的高速增长，对自然资源的过渡攫取，让自然环境遭受巨大压力，地震、海啸、洪水等自然灾难给人类上了深刻的一课，生态环境保护任重道远，建设生态文明是中华民族永续发展的千年大计。博物馆一层自然厅和谐、清新的自然环境和二层“5 · 12”地震救灾现场实录时刻向人们长鸣警钟。

材料：地面 5cm 木工板楼面，墙面墙壁纸饰面、燃烧性能 B1 级 300mm × 600mm 仿古砖饰面、钢结构楼板。

技术分析：本空间楼面结构层采用楼承板钢筋混凝土结构。

自然、地震厅细部图（一）

自然、地震厅细部图（二）

自救待援
临时
办公点
子弟兵奔赴灾区
医院
空投物资
使用的降落伞

钢结构楼面安装工艺：

主要施工流程 测量放线→楼板周边钢板模板安装→钢梁上短筋焊接→钢筋绑扎→预留洞口模板安装→楼板混凝土浇筑→养护

主要施工方法和混凝土浇筑顺序 先从每个单体的最远处和外围开始，从最远处向最近处进行，一次完成混凝土的浇筑。

测量放线工作及施工图文件技术交底完成后主要工序 预埋件的安装，390mm × 300mm × 16mm 的预埋板用 6 根 M20 的化学锚栓植入，预埋件和 318mm × 160 mm × 16 mm 的连接板用 4 根 M20 的高强螺栓连接，其孔径 22 mm x55 mm 的长条孔，楼周边的钢板安装完成后将钢梁与一一安装，绑扎钢筋。

混凝土的振捣 混凝土浇筑前将振动机械和电箱全部检查一遍，确认完好，报技术负责人批准后，方可开始混凝土的浇筑。人员和机械特别要准备充足。采用平板振动器，有专人负责看守防止漏振，同时在浇筑平板时注意混凝土的堆料不宜集中过多，防止模板荷载超重发生质量安全事故。

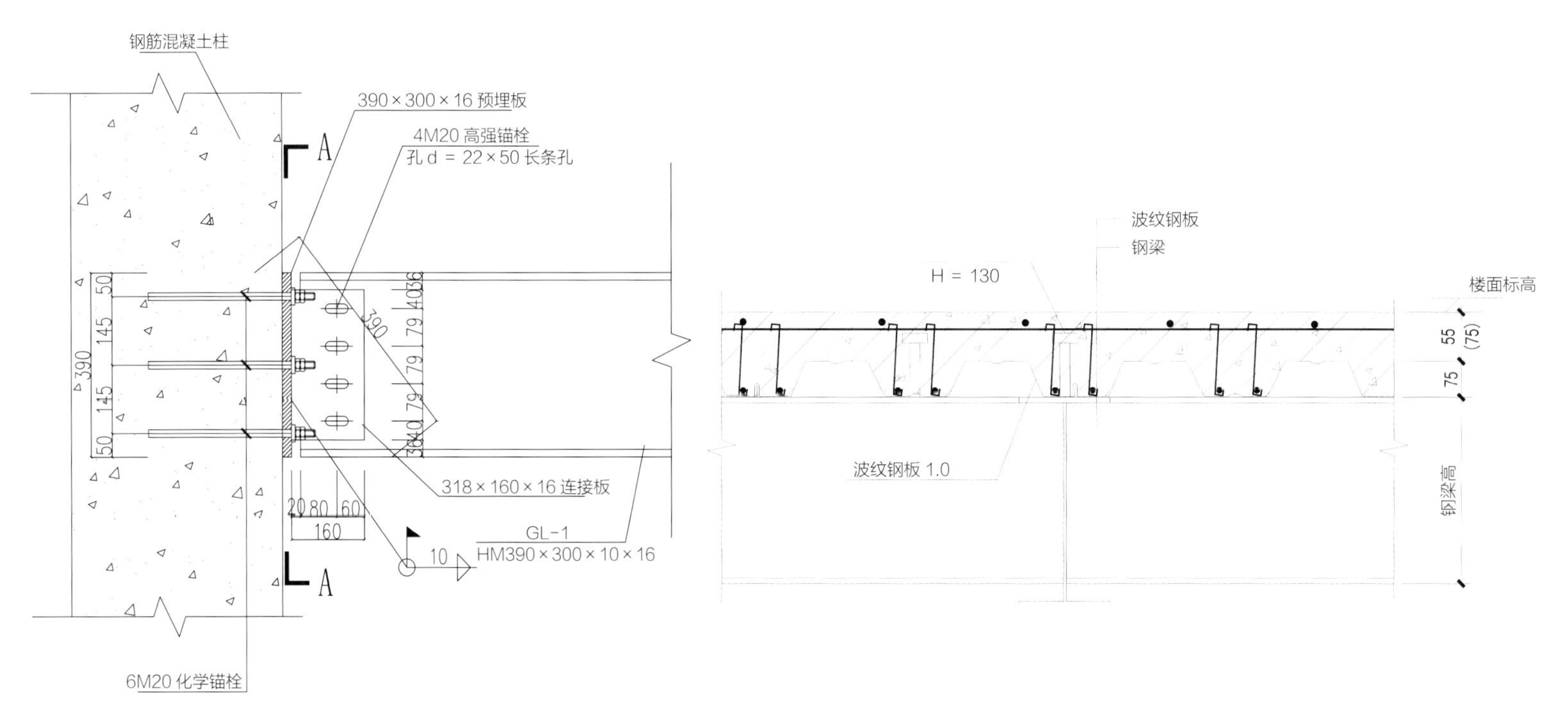

预埋件布置图

钢结构楼面大样图

羌源厅

设计：羌源厅以玻璃展厅展览为主，以神树为中心，给庄重的展厅增添了无限的生机。

材料：地面砖铺设、墙面壁龛装饰品、仿真树制作钢构框架，圆钢与角钢、顶棚黑色格栅吊顶 。

技术分析：室内仿真树主要是表面塑形、树体作色、基础结构构造做法，如何达到视觉上的高仿真性是本工程的重点。

羌源厅

仿真树安装工艺：

仿真树制作工艺及特点

基础安装：内部钢构框架 10 号镀锌槽钢井字形制作，底部直径 12mm 的 HRB400 级钢筋按 150mm 的间距双向布置，正方形 C20 混凝土框架浇筑体 2150mm 高，孔内素土回填夯实， 角钢焊接主支撑架使用镀锌角钢，呈“井”字形固定，∅ 6.5 圆钢做仿真树造型，间距控制在 300mm 以内，圆钢与角钢之间采用角钢连接。树枝部分采用角钢或者 HRB400 直径 20mm 以上的钢筋支撑，细小藤蔓可用∅ 6.5 钢筋手弯成型。包裹钢丝网：采用热镀锌处理∅ 4 钢丝网盖在仿真树树体框架表面，用扎丝或者钢钉固定。水泥砂浆表面塑形：原料：水泥、细砂、中粗砂，采用 1 ： 2 的水泥砂浆打底，进行第一次抹面，第二次抹面采用 1 ： 1 的水泥砂浆修整造型，第三次抹面采用 1 ： 1 的水泥砂浆刷刮成型，树体中的裂纹、树节、树疤是关键的制作点，整体水泥塑形层完工后水保养不少于 7d。树体作色：原料为丙烯颜料、氧化铁颜料、树脂乳液、室外白水泥、墨汁等，丙烯颜料主要用于室内仿真树的上色。配制方法为，将上述颜料按比例置于调色盘中，先调均匀，再根据所需仿木色泽要求具体进行调配，如要仿木效果浅一些，可适当加些熟褐。如果要深一些，可加生褐或赫石色调调好后，再加入少量汽油，即可使用，最后上树叶乳液封闭。

羌源厅细部图

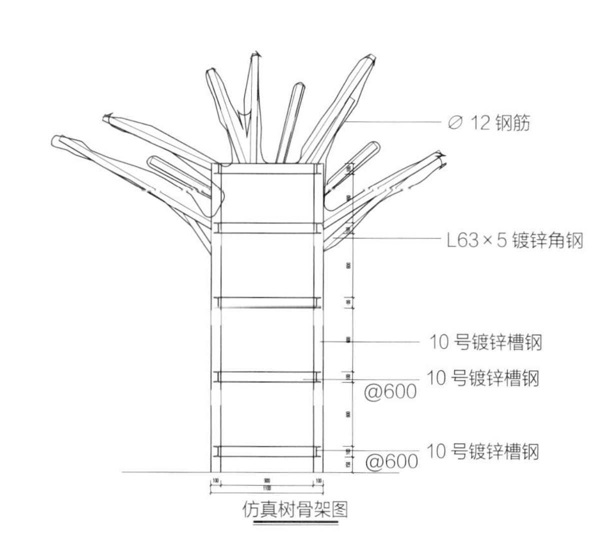

仿真树骨架图

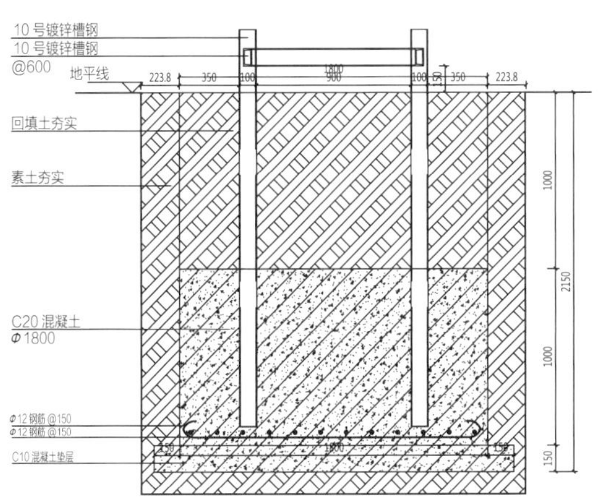

仿真树骨架图基础

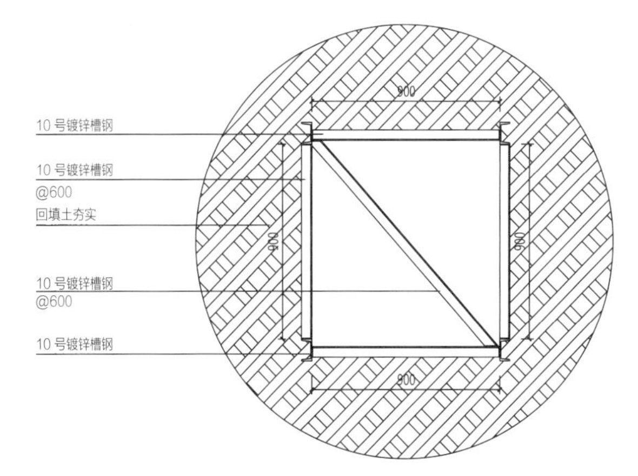

仿真树钢架基础节点

信仰厅

设计：以羌族特色为主的信仰厅向世人弘扬羌族历史、传播羌族文化、展示羌族文明。

材料：地面橡胶地板，墙面艺术涂料、文化仿古砖，毛石混凝土，顶棚轻钢龙骨石膏板 300mm × 300mm 的格栅吊顶。

墙面艺术涂料施工工艺：

施工准备 艺术漆专用批刀（现在流行的专用批刀是来自我国台湾的高碳高硬度批刀）、抛光不锈钢刀、350 ~ 500 号砂纸、废旧报纸、美纹纸等。

基底的处理 按做高档内墙漆的标准做好腻子底，一定要用好的内墙腻子，因为艺术漆属于高档艺术涂料，是不用底漆的自封闭涂料，要保证基底的致密性与结实性。批好腻子以后用 350 号砂纸打磨平整（要有较高的平整度）。

工序做法 第一道工序：用专用艺术漆批刀，一刀一刀在墙面上批刮类似正（长）方形的图案，每个图案之间尽量不重叠，并且每个方形的角度尽可能朝向不一样、错开图案与图案之间最好留有半个图案大小的间隙。第二道工序：同样用艺术漆批刀补第一道施工留下来的空隙，不是简单地补，而是要与第一道工序留下来的图案的边角错开。第三道工序：第二道工艺完成后，检查上面是否还有空隙未补满，是否有毛糙的地方，如有则用 500 号砂纸轻轻打磨。艺术漆是可以打出光泽来的，接下来就上第三道艺术漆了。按原来的方法在上面一刀刀批刮，边批刮边抛光，这主要针对档次高的艺术漆。最后一道工序：最后抛光三道批刮完成以后已经形成艺术漆图案效果了，用不锈钢刀调整好角度批刮抛光，直到墙面如大理石般光泽。

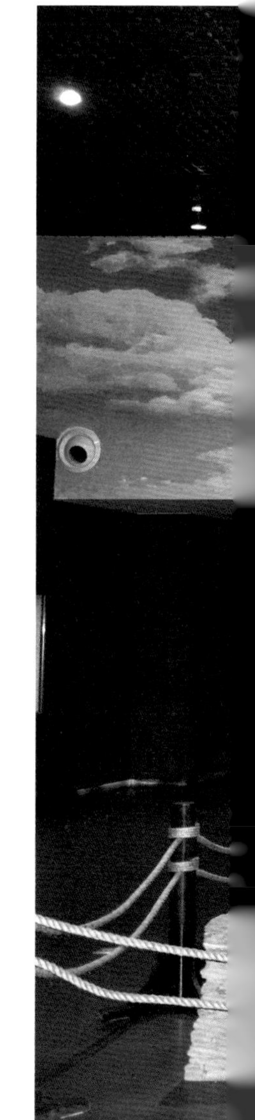

信仰厅

信仰艺术厅祭山会场景复原（含 4 个人模）

民俗厅

设计：民俗厅内珍藏着当地羌族人民的传统服饰、工艺品和乐器，摆放着体现羌族精湛的艺术、婚姻、宗教、劳作场景等方面的实物和照片。

材料：地面橡胶地板，墙面艺术涂料、仿古文化砖，混凝土毛石，顶棚轻钢龙骨石膏板、300mm × 300mm 格栅。

仿古文化石造型施工工艺

骨架及基层处理：造型主骨架采用 L63 × 5mm 镀锌角钢焊接，焊接完成后做焊疤清除及防锈处理；基层底板采用埃特板固定在钢结构骨架上，在埃特板上挂钢丝网，采用水泥砂浆批荡，形成粗糙的表面，水泥砂浆经过充分养护后，在基层结构上弹出 0.5m 水平线。

文化石排版：文化石粘贴施工之前先将文化石在平地上排列搭配出最佳效果（相近尺寸、形状、着色的文化石不要相邻），施工再按照预排版次序铺贴。

粘接剂调配：粘接材料采用粘合力强度高且具有弹性特征的胶粘剂，并按材料厂家规定配合比进行调配，施工中文化石底部必须全部均匀涂抹粘接材料，不可点涂施工。

文化石粘贴：文化石的粘接施工先贴转角石，以转角石水平线为基准贴平面石，缝隙相对均匀，充分按压，使文化石周围可看见粘接剂挤出；文化石底部中央涂抹粘接剂，根据设计要求粘贴成山形，并且不断对文化石进行切割来调整；施工中如不慎大面积弄脏文化石表面，须及时用刷子清洗处理或更换文化石。

填缝处理：用塑料袋装填涂料来填缝隙，施工中根据设计要求把握填缝深浅。填缝剂初凝后，用竹片等将多余的填缝料除去，用蘸水的毛刷修理缝隙表面，如不慎文化石表面粘有少量填缝剂或粘接剂，待其干燥后，用毛刷子除去。

文化石防护：文化石铺贴好之后需要进行养护一周左右，文化石造型和填缝剂基本干燥后可喷涂防护剂进行防护处理，保证造型的耐久性。

民俗厅细部图

民俗厅

民俗厅细部图

营盘山

设计：此古石棺设计的目的，在历史的尘埃中扑朔迷离，自20世纪以来，不仅引起中国学界的强烈关注，更吸引了美国、日本的学者竞相前往。石棺葬比较典型的区域妈尔格夺在1933年的叠溪大地震中幸存下来，却没有逃过“5 · 12”汶川大地震的厄运，此次项目负责对破坏了的石棺葬复原。

材料：地面胶地板、墙面白色乳胶漆、毛石混凝土、顶棚格栅吊顶。

技术分析：楼地面软质聚氯乙烯地板的施工主要包括粘贴工艺和焊接工艺两大部分。

胶地板施工工艺：

施工工艺流程：准备工作→清理原地面基础上的浮尘和砂粒→专用界面剂处理找平层→清理、修整→自流平水泥浆涂刷→水泥浆面打磨平→清扫灰尘→定号、弹点、试铺→涂刷地板胶粘剂→卷材铺贴→开缝与焊缝→收头处理→清理、检查、修整、压平→维护保养

营盘山

地 面 要 求 室内较潮湿的地面必须于土建时进行适当的防水处理。基层采用设计强度不低于 C20 的细石混凝土层或 1 ： 1 的水泥砂浆找平层，表面做压光处理，找平高度比地面设计高度低 5mm。基层表面硬度要大于 1.2Mpa（可使用硬度测试仪检测），故混凝土或砂浆找平层须用木屑或薄膜蓄水养护，且养护期不得少于 7d，凝固期达到 28d。根据《建筑地面工程施工质量验收规范》GB 50209—2010 对铺贴地板面层的基层（找平层）的验收标准，基层面表面平整度 2m 直尺平整误差不大于 2mm。根据塑胶地板的施工工艺要求，其基层面含水率须小于 8%（使用含水率测试仪检测或简单测试方法：将 15cm × 15cm 的塑料四周用胶带粘贴在地面上，24h 后撤去，如该区变色，则说明下面还有潮气，须等待进一步干燥，不能施工）。在基层强度达到后，室内要通风，保持室内干燥。基层表面无麻面、裂纹（收缩自然裂缝除外），在基层养护过程中，不得上人、受压，在细石混凝土施工过程中使用平板振动器振动密实，避免出现空鼓。若出现油脂、油漆等污渍，须用清洗剂清理干净；基层面凹凸不平的应及时修补，有大面积不平的需用打磨机打磨。施工环境温度不低于 5℃，湿度不高于 75%。地面须彻底清洁，须用大功率吸尘（吸水）器全面清洁。

自流平施工工艺 施工用料：界面处理剂、自流平水泥。施工工具：金刚石磨地机、手提磨地机、大功率工业吸尘器、自流平刮板、消泡滚筒、羊毛滚毛滚筒、钉鞋、电钻、搅拌器、搅拌桶、量水容器。涂界面处理剂：吸收性地面用界面处理剂按 1 ： 1 兑水稀释后用羊毛滚毛滚筒充分滚涂，高吸收性基层须涂刷两遍。根据地面状况及施工现场、温度、湿度，晾干 0.5 ~ 2h，待表面湿润无积液即可使用自流平；非吸收性地面用界面处理剂，无须兑水，用羊毛滚毛滚筒充分滚涂。根据地面状况及施工现场、温度、湿度，晾干 4 ~ 6h，待表面湿润无积液即可使用自流平。涂界面剂的目的是降低基层吸收性能和增强界面附着力。自流平水泥施工：待自流平施工 12h 后，用砂皮机进行修整打磨，目的在于清除自流平施工后遗留在表面的微小颗粒，使施工后的自流平表面更加平整、光洁。将搅拌好的浆料分批倾倒在地坪上，让其像水一样流开自动找平，用专用刮板将自流平推刮均匀，并控制所需的厚度。用自流平消泡滚筒单方向滚轧地面以排除因搅拌时带入的空气，避免出现气泡、麻面及接口高差。自流平施工完毕后，应关好门窗，避免强风及直接日晒，12h 内禁止在上面行走，24h 后可铺贴饰面材料，冬期施工地板的铺设应在自流平施工 48h 后进行。按容量比三份自流平加一份清水（一包 25kg 装自流平约需 6.5L 清水），用电钻加搅拌器边倒边搅拌至均匀无结块（约 3min），停止搅拌 3 ~ 4min，让高聚物材料充分熟化。空气跑出后再进行搅拌，呈可流淌稀糊状（约 1min）。

塑胶地板铺设施工 严格根据铺设地板施工图要求进行铺设，施工人员进入铺设场地，确保施工过程中不划伤地材表面和防止地板表面起毛。铺装前应将整卷的地材全部张开平放，待 2 ~ 3h 后才能使用，以便卷材尺寸完全稳定及消除卷曲引致的起伏，还要对预铺的塑胶地板根据现场实际情况，观察房膜褪色是否一致，因塑胶地板在生产阶段，表面会产生一层微黄的薄膜，一旦暴露在自然光和灯光下，这层薄膜便会迅速消失。根据设计要求、卷材宽度和房间尺寸，进行弹线、分格和定位，卷材应扣除接缝宽度，有花纹的卷材应考虑拼花对缝，与其他材料交界处应考虑高差。将卷材按控制线铺平后，根据房间形状和设计图案安排材料布局，确定材料的裁剪尺寸及形状，先做拼花，再做满铺，先复杂、后简单。从一边墙身开始，用锯齿刮板或刮刀按地面上的控制线刮胶，待胶水表面干至不粘手（5 ~ 15min）即可铺贴。地板胶粘剂涂刷厚度一般不宜超过 1mm，涂刷面积不宜过大（应在 45min 内铺完）。每次涂胶应从屋内涂至门口或已铺上地板位置，再从已铺地板处向外铺出。使用胶水时应参考供应厂家的使用手则。先粘贴已刮胶的面积，完成后再刮胶粘贴剩余面积，粘贴时不断加压铺平，排除空气。粘贴时若发现砂粒等杂物，应立即清除。粘贴完成后，采用圆角木板将已铺贴地板表面进行全面压刮，使地板表面不出现任何气泡，并用金属滚筒于胶浆未干透前在地板上均匀碾压，以保证地板与基层的密实粘接，多余胶浆应立即用湿布抹掉。地板和基础地面完全粘结后，采用开槽设备开缝，再用热风焊接设备将相同颜色的焊线进行无缝焊接，然后用专用的铲刀铲平整。在胶水完全粘合后，应立即进行首次保养。完工后彻底清扫或使用吸尘器，将地面所有残留物清除干净，最后使用高品质的商用蜡水进行耐污处理。全部完成后 24h 内，不要使用场所。

质 量 验 收

根据现场实际情况，查看是否平整、光洁，并根据相关规范及质量标准进行验收。铺设质量验收要求如下：平整，表面无损伤，接缝线横平竖直，无缝隙、无翻边、无翘角、无气泡；沿墙边缘吻合，上墙顺直，踢脚线高度一直平齐、牢固，无漏胶、脱胶现象，焊缝平齐牢固。

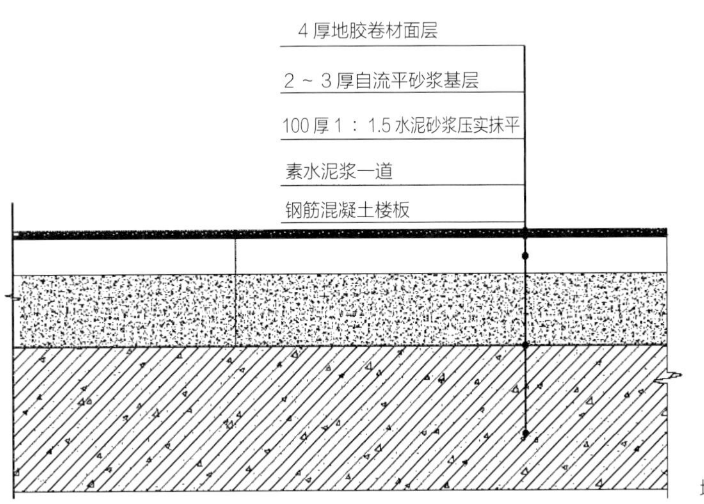

地板大样

重宝厅

设计：重宝厅内陈列的展品是茂汶县出土的从新石器时代到近现代的珍贵文物，充分展示羌族地区的历史面貌和文化脉络，体现了生生不息的民族精神。

材料：地面胶地板，墙面白色乳胶漆、毛石混凝土，顶棚格栅吊顶。

毛石混凝土施工工艺：

施工准备　设计选定的材料应封样保存，水泥应做复试，铺设前编制施工方案。各层做法应按设计要求审核。

基层处理　先将基层上的灰尘扫掉，剔掉灰浆皮和灰渣层。

测量放线　施工前先将需作业区域分墙面、分区域划分，用经纬仪、激光水准仪等对各区域测量，弹线、标高，做好标记，按不同功能，排出放置位置，并在基层地面弹出十字控制线和分格线。

毛石混凝土施工工艺　先用 M7.5 混合砂浆砌筑 20cm 高 370mm 厚 MU10 蒸压粉煤灰砖墙，继而用 M7.5 混合砂浆砌筑 240mm 厚 MU10 蒸压粉煤灰砖墙至标高。毛石掺量为 35%，毛石粒径 200 ~ 300mm。将普通混凝土搅拌完毕后，在需要浇筑混凝土的砖模内先浇筑一层约 15cm 左右厚的 C20 普通混凝土，然后在普通混凝土上投放一层毛石，毛石均匀抛撒，接着在铺好的毛石上继续浇筑混凝土（该层混凝土必须将毛石覆盖密实，并留有余地），这样交替浇筑，最后一层用混凝土将毛石盖住并振捣密实。毛石与毛石之间应留有一定的间隙，不能直接接触形成堆砌，必须要用混凝土填充（以毛石之间能让混凝土充盈密实为准），毛石表面清洁，毛石与砖模间应留有一定的间距（以振捣时不损坏砖模并不得有毛石外露为原则），毛石投放时，用塔吊及汽车吊配合投放，不得随意乱抛，在抛石较密的地方，应有专人进行二次投放以确保毛石间被混凝土填充。复原现场内部框架进行填土压实。

茂汶重宝厅牟托祭祀坑复原（3个）

江苏大丰青少年教育基地设计布展及装饰工程

项目地点

江苏省盐城市大丰区青少年教育基地

工程规模

装饰面积 15100m^2

建设单位

大丰市城建国有资产经营有限公司、大丰市上海知青纪念馆

获奖情况

2015 年全国建筑装饰行业科技示范工程奖

社会评价及使用效果

大丰市青少年教育基地的建成，将进一步挖掘知青文化资源，放大文化效应，成为大丰旅游业又一新亮点，同时对加强沪丰两地青少年交流有重要推动作用

青少年教育基地外景

设计特点

工程主要涉及的项目有装饰工程、陈展道具制作工程、电气工程、系统集成工程及多媒体影片制作工程等，以功能区划分来看，既有开放式的空间形式，又有围合式的空间形式。其中一层展区部分设计独具匠心，顶棚石膏板、铝格栅吊顶、墙面石材干挂、造型墙制作以及展台陈设模型等装修内容主题鲜明，分别是展区一：1968 知青时代开端；展区二：追寻前知青时代；展区三：体验知青时代；展区四：经历后知青时代。多媒体影片、投影及多种装修工程相结合，充分展示知青在各个时期的情况；主题色采用中国红，体现红色知青时代。整个空间极具后现代主义风格特点，在形式上突破现代主义的单一标准，更多地表现了时代历史变迁，走向多元化。

功能空间介绍

一层中国知青展览馆——序厅

设计：展示墙弧面造型独特，引用毛主席语录，凸显年代感。整个空间设计线条简约流畅，立体的形态与线条的韵律结合得有条不紊，有节奏地和曲线融为一体，体现后现代风格的特点。轻钢龙骨打造的弧面造型新颖，上下延伸的绿可木线条造型深浅一致，墙面饰面板刷真石漆也以假乱真，线条造型的暖黄与墙面冷灰相互协调，在华丽气派中又不失稳重，给人一种励志向上的感觉。

一层中国知青展览馆——序厅

序厅细部图

材料：地面铺仿古砖，背景墙面轻钢龙骨 + 柚木饰面板、绿可木（刷清漆）、立体字（雪弗板雕刻，喷白漆）、墙面饰面板刷真石漆，顶棚采用双层纸面石膏板面刷白色乳胶漆、亚克力灯箱（灯片）。

真石漆工艺：

施工准备：设计选定的材料应封样保存，进场前应做复试，铺设编制施工方案。基层材料应已按设计要求施工并验收合格。

施工技术要点：基层处理。底层固定木龙骨（刷防火涂料 3 遍），基层 18mm 细木工板，面层 3mm 柚木饰面板涂刷清漆。

真石漆施工的工艺流程：基层处理→腻子找平→涂刷外墙抗碱封闭底漆→涂刷专用抗碱实色底漆→弹墨线分格→粘贴分格条胶带→喷涂真石漆 2 遍→撕揭分格条胶带→喷涂罩光清漆→真石漆验收

基层处理 首先清除基层表面尘土和其他粘附物。将凸起部分打磨平整；空鼓部分应凿除后重新抹面并待其干燥。将接缝错位部分和较大的凹陷用聚合物水泥砂浆补平；消除妨碍喷涂的钢筋、木片等，用砂浆填补孔洞；用铲刀、钢丝刷将表面浮浆及疏松粉化部分除去，用水泥腻子补平；清除表面的隔离剂、油污等；用乳胶水泥腻子修补表面的麻面、孔洞、裂缝。墙面泛碱起霜时应用弱酸溶液刷洗，最后再用清水洗净；或使用抗碱封闭底漆做封底处理，防止碱性物质析出。

底漆涂刷 底漆的涂刷包括外墙抗碱封闭底漆的涂刷与专用抗碱实色底漆的涂刷。等腻子层充分干燥且打磨完毕、清除浮灰后，开始喷涂或滚涂外墙抗碱封闭底漆一遍，要求涂刷均匀，不得有漏涂与漏刷现象。施工专用抗碱实色底漆时，该底漆颜色的选用需尽量与真石漆的颜色接近，施工时要涂刷均匀，不得漏涂漏刷，以防止真石漆透底出现发花现象；仿砖工艺所用底漆颜色，可选用分格缝的颜色，减少工艺的烦琐程度。

真石漆喷涂 待专用抗碱底漆干燥后，喷涂真石漆。将真石漆搅拌均匀、装入专用喷枪，开动空压机，使喷涂压力控制在 4 ~ 6kg/mm^2，喷嘴口径调整为 6 ~ 8mm，喷枪与墙面的距离控制在 30 ~ 50cm。喷涂时，喷枪嘴应垂直于墙面，上下抖动喷枪，以半径 15cm 横向画圈喷涂，并不时上下抖动喷枪，这样速度较快且喷涂出的效果较均匀，如喷涂时压力有变化，可适当调整喷嘴与墙面的距离。真石漆喷涂通常需要施工两遍。喷涂第一遍真石漆，漆膜厚度控制在 1.5mm 左右，完全干燥后，再喷涂第二遍，两遍真石漆总厚度控制在 3 ~ 4mm 左右。真石漆喷涂时，注意出枪和收枪不要在施工墙面上完成，而且喷枪移动的速度要均匀；保持下一枪压上一枪 1/3 的幅度，且搭接的宽度要保持一致；努力实现漆膜颜色一致，颗料均匀，漆膜薄厚均匀。喷涂两遍真石漆之间的间隔时间，在常温时为 4 ~ 8h; 气温较低时，间隔时间可适当延长。根据装饰效果要求，可以在真石漆漆膜表干后，用压花滚筒轻轻地从上至下滚一遍，以取得花岗石纹理效果。

罩面清漆涂装 罩面清漆是真石漆的保护层，起防水、抗老化、耐酸碱和延长真石漆寿命的作用。为了保护真石漆饰面、增加光泽、提高耐污染能力、增强整体装饰效果，在真石漆喷涂完毕、完全干透后 (一般晴天至少放置 2d)，喷涂或滚涂罩光清漆，进行罩面处理。罩面清漆的涂装通常为两遍，两遍罩面清漆涂装之间的间隔时间为 2h。滚涂或喷涂是真石漆涂装常用的两种施工方式。若用滚涂，则用滚筒蘸上涂料，在匀料板上分布均匀，然后滚涂在真石漆主涂层上。如用喷涂，应将喷涂压力控制在 0.3 ~ 0.4MPa，操作方法基本上同底漆喷涂相同。由于喷涂均匀，且一般不会产生漏涂，建议采用喷涂施工。

第一展厅

设计：墙面大量使用红色背景，形态各异的墙体结构以不同形式展示主题，地面为红色与米黄。

材料：轻钢龙骨双层石膏板隔声吊顶系统、PVC 塑胶地板配 PVC 七字形收口条，地面年份贴纸与背景墙内容相呼应。墙面红色与米黄 PVC 塑胶地板、喷绘画布，防火卷帘隔墙红砖砌体，轻钢龙骨隔墙，30mm × 75mm 铝方通、600mm × 600mm 硅酸钙板吊顶、原建筑顶面喷黑、钢制活动防静电地板，PVC 地板胶、 盐碱地 + 植物造景。

技术分析：轻钢龙骨双层石膏板隔声吊顶系统具有良好的隔声性能；整体性强，抗裂性强，维修率低；防潮性、耐久性强；防火性能好；质量轻，施工方便。

第一展厅

轻钢龙骨双层石膏板隔声、吊顶系统施工工艺：

施工准备：ϕ10 吊筋、U50 主龙骨、次龙骨、吊件、挂件、接插件、纸面石膏板、自攻螺钉、专用隔声橡胶垫片、专用补缝膏、专用补缝带。

主要施工要点：

抄平、放线　根据现场提供的标高控制点，按施工图纸各区域的标高，首先在墙面、柱面上弹出标高控制线，抄平采用水平仪，在水平仪抄出大多数点后，其余位置可采用水管抄标高。要求水平线、标高一致、准确。

排版、分线　根据实际测到的各房间尺寸，按市场采购的板材情况，进行各房间的纸面石膏板排版（包括龙骨排版布置），绘制排版平面图，尽量保证板材少切割、龙骨易于安装。然后依据实际排板情况，在楼板底弹出主龙骨位置线，便于吊筋安装，保证龙骨安装成直线、吊筋安装垂直。

安装边龙骨　根据抄出的标高控制线以及图纸标高要求，在四周墙体、柱体上铺钉边龙骨，以便控制顶棚龙骨安装，边龙骨与墙体接触面要钉上一层隔声胶条，边龙骨安装要求牢固、顺直，标高位置准确，安装完毕后应复核标高位置是否正确。

吊筋安装　上人吊顶吊筋采用 ϕ10 吊筋，非上人吊顶采用 ϕ8 吊筋，吊筋间距控制在 1200mm 以内，吊筋下端套丝，吊筋焊接一般采用双面间焊，搭接长度不小于 8d。

第一展厅细部图

第一展厅细部图

安装主龙骨

在吊顶内消防、空调、强电、弱电等管道安装基本就绪后进行主龙骨安装。主挂件与吊杆的连接部位要加隔声阻尼垫片。

安装次龙骨、横撑龙骨

按照龙骨布置排板图安装次龙骨，次龙骨安装完毕后安装横撑龙骨，次龙骨安装时要求相邻次龙骨接头错开，接头位置不能在一条直线上，防止石膏板安装后吊顶下塌。

安装基层纸面石膏板

固定纸面石膏板可用自攻螺钉将其与龙骨固定，钉头应嵌入板面 0.5mm，但以不损坏纸面为宜，自攻螺钉用 M3.5×25，自攻螺钉与板面应垂直，弯曲、变形的螺钉应剔除，并在相隔 50mm 的部位另安螺钉。自攻螺钉距 150 ~ 170mm，自攻螺钉与纸面石膏板板边的距离：面纸包封的板边以 10 ~ 15mm 为宜，切割的板边以 15 ~ 20mm 为宜。

安装面层纸面石膏板

同第一层纸面石膏板安装，自攻螺钉用 M3.5×35。

点防锈漆、补缝、粘贴专用纸带

纸面石膏板安装完毕后，自攻螺钉应进行防锈处理（防锈漆最好采用银灰色），并用腻子找平。纸面石膏板之间的接缝采用专用补缝膏填补（分三次进行），要求填补密实、平整，待补缝膏干燥后，粘贴专用贴缝带。

第二展厅

设计：墙面展示内容主要采用喷绘画布、高清写真、亚克力等制作，造型由仿古砖、涂料等做出仿古效果，仿古木地板结合芦苇造型，突出墙面展板内容；墙面仿古砖与涂料富有层次感地融合，材料肌理不同却不显突兀，参差不齐的木桩围成栏栅，毛茸茸的柳絮错乱地铺设在两侧道路上，让人的思绪不禁飘到柳絮飘飘的时节。

主要材料：地面仿古砖，墙面喷绘画布、高清写真、造型摆件，顶棚黑色格栅。

仿古砖施工工艺：

施工准备：设计选定的材料应封样保存，水泥应做复试，编制大面积铺设施工方案。面层下的各层做法应已按设计要求施工并验收合格。

施工要点及做法：

基层处理 将尘土、杂物彻底清扫干净，不得有空鼓、开裂及起砂等缺陷。

测量弹线 施工前在墙体四周弹出标高控制线，在地面弹出十字线，以控制地砖分隔尺寸。

预　　铺 首先应在图纸设计要求的基础上，对地砖色彩、纹理、表面平整等进行严格的检查，然后按照图纸要求预铺。对于预铺中可能出现的尺寸、色彩、纹理误差等进行调整、交换，直至达到最佳效果，按铺贴顺序堆放整齐备用。

铺　　贴 铺设选用 1 ： 4 干硬性水泥砂浆，砂浆厚度 25mm 左右。铺贴前应将地砖背面湿润，需正面干燥为宜。把地砖按要求放在水泥砂浆上，用橡皮锤轻敲地砖饰面直至密实平整达到要求。

飞地之初

FEI DI ZHI CHU

第二展厅

史料记载，大丰这块土地6000年历史几经沉沦，沧海桑田。早在北宋时期，大丰境内的五大盐场是淮南盐的主产区和集散地，当时两淮盐业占全国盐业80%，全国盐业占全国财税80%。在明朝洪武年间，约10万人由苏州阊门等地迁入聚居五大盐场，铸就了大丰历史上辉煌的盐业文明。

二十世纪初期，南通张謇等人创办了“淮南草堰场大丰盐垦股份有限公司”，招南通、海门人来此废灶兴垦，开垦了东部114万亩的广袤滩涂，从盐业文明飞跃进入农业文明。

1940年，大丰解放，改置台北县。1951年，因与台湾台北市同名，遂改为大丰县，后隶属江苏盐城。随后，上海市所属的上海、海丰、川东和江苏省所属的大中、方强、东坝头等6大农场相继建立，上海、南京等大城市的20多万居民和知青在此开垦了20万亩滩涂。

在“上山下乡”大潮中上海、南京、苏州、无锡等12万多知青来到大丰，继续往东开垦了30万亩滩涂。

两千年来，从古老的盐业文明到近代的农业文明、工业文明和生态文明，大丰人民一直在围垦和建设这片土地，知青们参与了南黄海西岸滩涂湿地的沿海开发，在这片土地上刻下了深深的历史印记。

第二展厅

第三展厅

第三展厅

设计：展区各种极富有年代感的小道具齐聚一堂，显露出浓浓的时代情怀。这种后现代风格主张继承传统文化，在怀旧思潮的影响下，将传统的典雅和现代的新颖相融合，创造出融合时尚与典雅的大众设计。

主要材料：轻钢龙骨、PVC 塑胶地板、土石、人工草皮、文化石、树脂亚克力。

技术分析：地面大面积采用米黄 PVC 塑胶地板，根据区域性质划分，还有土石路、人工草皮加以装饰，背景墙面刷白色乳胶漆做旧，以文化石、喷绘画布、高清写真装饰，部分造景由专业雕塑家进行创作，泥塑验收通过后，专业翻制成树脂亚克力成品后送至专业工厂铸造。

PVC **塑胶地板施工工艺：**

施工准备 地坪表面应平整、坚硬、密实，无油脂及其他杂质，不得有麻面、起砂、裂缝缺陷，平整度为 2mm，靠尺误差不超过 ±2mm。PVC 塑胶地板铺设区域及相邻区域装修基本完成，地坪干燥坚固，无杂物堆放，装修人员基本已撤场，无旁杂人员。封闭施工区域，对施工区域提供水电等。地坪检测时，室内温度以及地表面以 15℃为宜，不应在 5℃以下及 30℃以上施工，宜于施工相对空气湿度应介于 20% ~ 75% 之间。使用含水率测试仪检测基层含水率，基层含水率应小于 4.5%。基层的强度不应低于 C20 混凝土强度要求，否则需要采用适合的自流平来加强强度，混凝土强度不应低于 1.2 MPa。

施工做法 涂抹地板胶应以基准线中心点为起点，向四面中之一面基准线开始以齿状钢刮板刀（齿口要密而浅）涂抹水性胶，20 ~ 30min 后即可铺设地板胶，其涂抹面积配量以 60min 内能贴完为宜，涂抹时应力求均匀，且水性胶属于半感压性胶，贴时只需要在地板胶上加压力即可。水性胶涂抹后，待其水分略微挥发（约 20min），以手轻触不粘手为原则，即开始由中心点沿基准线逐一铺设地板胶，铺设时地砖应对齐，由上往下放置，并在每片地砖四周轻压，使每片与地面吻合。水性胶由接缝处挤压溢出时，应立即用湿布将粘在地板上的胶擦净，若未能立即擦净，等干后就较难处理了，需特别留意（如果环境允许可用汽油或稀释剂擦洗）。四周边缘收尾，须将铺设的地板胶置于已铺设完成的最后一片地砖上，使两片地板胶完全吻合，再取另一片地砖作为定规，一边紧靠墙壁，对边用美工刀沿其边缘处切割，然后沿切削线折断，并将其铺贴于墙壁的地面处。四周边缘施工完成时，须彻底清扫切割的碎片，再用滚筒沿线滚压，使未吻合的地砖边缘吻合平坦，然后用湿布擦净，若干后还有粘污，可用少量松香水或去污油剂小心地清除，再用清水擦拭干净。铺设完工后，先除去所有污渍，再用亚克力树脂水蜡保养表面，以保地砖亮丽。日常清洁时，以清水拖拭清理即可，为了维护地板胶表面光亮，要定期打蜡，每月约 2 ~ 3 次使用亚克力树脂保养，可常保地砖亮丽如新。

第四展厅

设计： 以弧形、方形以及不规则轻钢龙骨隔墙造型巧妙地将各个区域隔开，设计独特且具有连贯性，整个展示区风格不拘泥于传统的逻辑思维方式，探索创新造型手法，尽显后现代简约风格。展区运用曲线和非对称线条，更好地提高观赏性。观影区设备齐全，大屏幕观影更清晰。

主要材料： 轻钢龙骨隔墙、PVC 塑胶地板、土石、人工草皮、文化石、树脂亚克力。

技术分析： 室内空间轻钢龙骨石膏板弧形墙，通过技术创新可以实现纸面石膏板圆弧、叠级和曲面造型施工，将天地龙骨每隔 50mm 切割成“V”字口，按要求弯曲成设计形状并固定，将竖龙骨插入弯曲好的天地龙骨之间并固定，将石膏板背面用水湿润约 30min，当其柔韧度满足要求时，再从一边向另一边用自攻钉顺次横向固定在竖龙骨上。

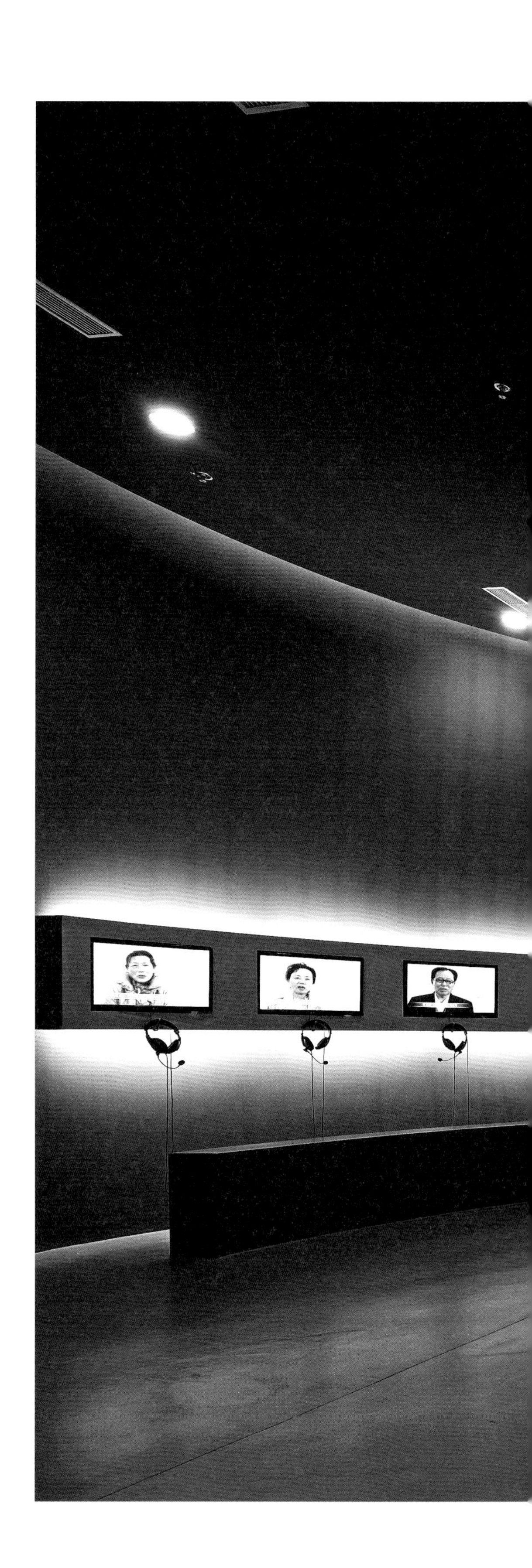

第四展厅细部图

第四展厅弧面造型墙

轻钢龙骨石膏板隔墙施工工艺：

工艺流程：墙位放线→墙基施工→安装沿地、沿顶龙骨→安装竖向龙骨（包括门口加强龙骨）、横撑龙骨、通贯龙骨→各种洞口龙骨加固

施工准备　检验轻钢龙骨是否符合设计要求，材质、规格、品牌必须符合国家现行标准。

施工做法　沿地、沿顶龙骨与地、顶面接触处要严密，同时要固定牢固，再按规定间距用 6 号膨胀螺栓将沿地、沿顶龙骨固定于地面和顶面，6 号膨胀螺栓按中距 400mm 的间距布置。将预先切裁好长度的竖向龙骨，推向横向沿顶、沿地龙骨之内，翼缘朝向石膏板方向，竖向龙骨上下方向不能颠倒，现场切割时只能从上端切断，竖向龙骨接长可用 U 形龙骨套在 C 形龙骨的接缝处，用拉铆钉或自攻螺钉固定。吊垂直线、水平线，轻钢龙骨间距不得大于 400mm，隔断中间须加防火、隔声岩棉，厚度不得低于 50mm，自攻钉间

第四展弧面造型展示墙

距保持在 120 ~ 150mm 之间，自攻钉帽要做防锈处理。沿石膏板长边进行封板，上下相邻石膏板错缝安装。石膏板用十字自攻螺钉固定于轻钢龙骨上，螺钉沉入地面，不能破坏面纸，螺钉间距四边为 200mm，中间为 300mm；如为双层石膏板，底层板用腻子嵌缝抹平，然后用自攻螺钉或胶粘剂固定面板。墙面喷浆饰面的施工顺序为，基层处理→接缝处理→涂刷防潮剂→满刮腻子两道→打磨平整→喷浆两道。石膏板缝隙要均匀，间隙 5 ~ 7mm，隐蔽工程验收合格后方可封面板。细木工板形成骨架，在合适的位置用龙骨（木龙骨、轻钢龙骨均可）连接成型的细木工板。把石膏板固定在基层骨架上，弧度半径 $R \geqslant 1500$mm, 可以把石膏板直接弯成所需弧度；弧度半径 $R \leqslant 1500$mm，可以少量喷水或擦水弯成。再大的弧度需龙骨加密，用石膏板条拼接，再用腻子找平。用石膏板能直接弯过来，石膏板自身的挠度变形就足够了。

第四展厅细部图

长沙滨江文化园图书馆室内装饰工程

项目地点

湖南省长沙市开福区湘江北路 1486 号

工程规模

建筑面积 31322m^2

建设单位

长沙市工务局

获奖情况

2017 年全国建筑装饰行业科技示范工程奖

2017-2018 年度全国建筑工程装饰奖

社会评价及使用效果

长沙滨江文化园图书馆交付使用以来，定期举行文化艺术展览，组织国内外知名人士开展研究、授课等活动，极大地提高了长沙滨江文化园图书馆的地位，得到了社会的一致好评

图书馆外景

设计特点

长沙市图书馆位于新河三角洲尖三角西南侧，总建筑面积为 3.13 万 m^2，藏书约 140 万册，阅览座位 2000 个。其形态犹如正在慢慢打开的一本巨大的文化大辞典，吸引人们注意，强调的是一种动静之间的张力。图书馆的外墙通过竖向百叶模拟竹简效果，通过表面的楚文字回应文化的源远流长，同时内装修采用大量浮雕文字，这些处理都在回应“图书”“文化”的建筑主题，体现了图书馆与其他两馆不同的个性特色。

图书馆地下层平面 7013m^2，规划有基本书库、珍本书库、后勤办公场所、新书陈列场所以及餐厅、咖啡厅等辅助功能场所，同时为突出长沙作为国内最大原创动漫基地的特点，专门设计了大型动漫馆；一层平面 6456 m^2，规划有中央出纳大厅、儿童阅览室、报刊阅览室、复印中心、报告厅等；二层平面 5608m^2，规划有理工开敞阅览厅、舆图阅览室、残疾人阅览室、研究室等；三层平面 5455 m^2，规划有人文开敞阅览厅、典籍开敞阅览厅、研究室；四层平面 3122 m^2，规划有电子阅览室、多媒体视听室与研究室等。

图书馆在空间上根据形体的错动位移在垂直标高上设计了许多开放阅览平台，倾斜的形体形成跌级的阅览空间，进一步丰富了建筑空间，中央检索大厅上空互相穿插的廊道和楼梯与电子阅览室较为封闭体块的组合将空间戏剧化，构成多层次、多方位的阅览交流空间。

负一层大厅

非遗
春秋
国 敬业 诚信 友善
今天是2016年08月09日星期
长沙图
读者服务中
Reader Service C
Service C
1F
请保持安静

功能空间介绍

负一层大厅

设计：负一层大厅读者服务中心背景墙面展示名人画像，更显浓厚的文化气息。顶部灯槽采用直线型，灯槽间互相连通，意寓知识海洋互联互通，灯光映射中光影交错，形成一种动静相宜的空间韵律，给人以舒适自然的效果。

材料：地面采用金叶米黄大理石，墙面主要采用纤维水泥板及橡木吸声板，圆柱采用金叶米黄石材，顶棚采用石膏板面刷乳胶漆、GRG造型灯槽间互相连通穿插。

技术分析：负一层墙柱面采用圆形石材围合而成，如何避免柱面上下部分、左右部分相邻石材出现大量色差，保证石材的纹理对应，是本部分的难点；而圆柱形石材的弧度加工则是重点，需确保弧度精确，弧形板块质地稳定。

负一层大厅立柱细部图

负一层大厅（读者服务中心）

石材圆柱干挂工艺：

施工准备 设计单位选定的石材封样保存，编制石材干挂施工方案、班组技术交底。按照图纸及现场复核数据，审核各种石材规格尺寸。要求供货厂家同一个区域一次性将相同类别石材备供充足，保证同类别石材纹理对应、材色一致。

基层处理 先将基层柱面上的灰尘扫掉，剔掉灰浆皮和灰渣层。

测量放线 测量用的仪器，特别是经纬仪、水平仪，应经过法定计量单位复核。测量过程中应避免施工现场的振动，现场不得扬灰。水平放线：首先结合装饰施工整体放线，进行水平线布设。用经纬仪在墙、柱面引出，柱的四周、墙面都必须弹线，在弹线之前应反复核对水平点，然后弹线。垂直放线：首先进行轴线的复合工作，认真核对，先逐步向两边每 18m 放出轴线，并在墙柱面布点、标识，然后用经纬仪在墙柱面引出通长垂直轴线，并进行弹线。注意要保护好轴线、原始点以便核查之用。东西走向墙柱面轴线复合工作应从可贯通视线的轴间 9m 位置，在地面做标识。然后用经纬仪通过地面点引出与南经走向轴线垂直的线，在地面标识后边线，得到东西走向轴线的平行线。反复复合分别引出轴线，在每 18m 或 15m 的轴距上，在柱、柱面引出竖向通长轴线。墙面石材分格线采用钢卷尺和吊垂直线的方法获得。将圆形柱面均分为四块，均分线位置为竖龙骨安装位置线，然后根据设计规格弹出分层完成面控制线，根据完成面控制线弹出横龙骨安装位置线。

石材加工 根据测量放线后得到的精确尺寸，将加工单下单至石材加工厂，并要求石材厂采用整块石料一次加工成型，以保证完成面整体效果。石材出厂前全部严格对每片石材进行六面防护处理，石材生产时，技术人员对各区域石材选料排版编号。对所有进场石材的品种、规格、质量和数量进行严格检查和核对，合格后方可使用，按现场就近原则分类堆放。

钢架和龙骨安装 根据分层控制线对方钢对应安装位置进行机械打孔，根据角钢横龙骨定位测量数据对 L50×4 镀锌角钢进行热预弯，并在对应挂件位置钻孔。根据竖龙骨定位线将镀锌方钢用 L50×5 镀锌角码与柱体连接固定，角码与方钢通过螺栓连接固定。将热预弯角钢横龙骨与方钢竖龙骨在对应位置焊接连接，并及时涂刷防锈漆。

石材安装 安装之前认真检查核对，核对内容有无差错，石材编号是否与图纸编号相符，规格尺寸是否与石材加工图相符；石材表面是否有划伤、色差。存在质量及尺寸偏差问题的石材，绝对不能安装上墙。另柱面石材与地面交接处理采用柱压地的方式，施工前应保证圆柱区域地面铺贴完成。

石材核对无误后，即将其运至与编号相符的位置，运输过程中注意保护。施工前对进场石材进行初步预排，施工时严格按照编号铺设。柱面石材安装由下而上进行，首先安装最底下的石材，然后安装上一块，安装时注意检查垂直平整度，依次往上安装。

安装过程 首先进行试安装，对准石材挂件，下落，保证石材两竖边及底边角码已到达设计位置。调整石材，使上、下、左、右相邻石材平面缝直，缝宽符合设计要求。石材试安装后，在紧固前进行复查，要求表面平整，横竖缝对直，缝宽符合要求，查看转角造型是否符合设计要求，检查完这些项目，正确无误后，方可进行下道工序。复查无误后进行结构胶填涂，然后拧紧挂件螺栓。检查修补，安装完毕后，应安排组织自检，对接缝处进行修补打磨，保证饰面效果一致。墙柱面石材先用塑料薄膜包裹，再用细木工板四面保护，保护高度 1.8m。

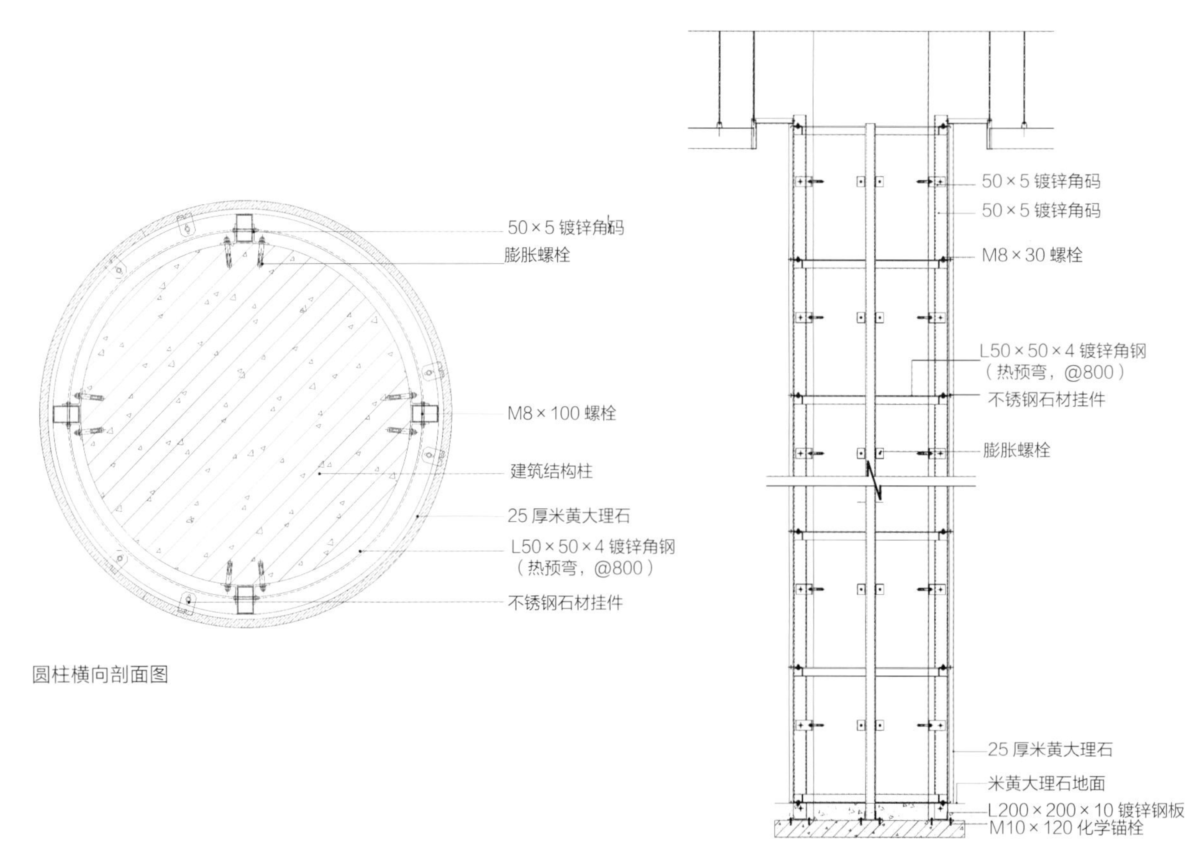

圆柱横向剖面图

圆柱竖向剖面图

一层 300 人报告厅

设计：以明黄色的橡木饰面吸声板为墙部饰面，顶棚及座椅配以同色系材料，整体浑然天成，大气简洁，庄重而不失优雅，与图书馆整体氛围融为一体。外部同样以明黄色的橡木饰面板为墙部饰面，与内部材质相同，内外协同，给人整体舒适感。

材料：墙面、顶棚均采用橡木饰面板，地面采用橡胶地板。

工艺：事前对各轴段面现场尺寸与设计尺寸进行复核，确定各施工面施工尺寸；严格控制各区域木质吸声板基层面的纵横尺寸，将误差控制到最小范围；然后按区域编号排版，提供给生产厂家；安排专人跟进，确保生产厂家严格按提供的编号、尺寸排版，控制饰面纹理生产，确保色调及木饰面纹理一致。

墙面木质吸声板安装流程：首先根据设计要求，测量放出角钢龙骨定位控制线，并在侧面弹出木龙骨、大芯板基层、吸声板专用龙骨、木质吸声板的完成面控制线。根据弹线定位在墙面安装镀锌角钢龙骨，采用 M12×160 膨胀螺栓固定。木龙骨刷三遍防火涂料，用自攻螺钉安装于角钢龙骨上，间距 800mm×800mm。在木龙骨上铺设大芯板基层，用自攻螺钉固定，安装应牢固并保证板面平整。根据板材规格在大芯板基层上弹出吸声板专用龙骨分隔定位线，然后依据定位线安装吸声板专用龙骨，用自攻螺钉固定。在吸声板专用龙骨间填充防火吸声岩棉，岩棉应填充密实。将吸声板根据排版及对应编号固定于专用龙骨上。

一层 300 人报告厅

动漫区

动漫区

设计：整体设计以不同颜色的椭圆、圆形图形元素组合为主，形式活泼生动、有趣，与动漫区整体氛围契合。圆形柱子顶部采用放射状圆弧 GRG，自然过渡到顶棚区域，形成墙柱一体化体效应。透光软膜顶棚光感柔和自然，塑胶地板材质富有动感，与动漫元素的文化蕴意协调性较好。

材料：地面采用橡胶地板，墙面竖条形橡木板饰面，柱面采用 GRG，顶棚采用 GRG 及透光软膜造型。

技术分析：本区域地面橡胶地板铺设的难点在于区域多、颜色多、形状不规则；施工的重点把控方向在于地面基层自流平施工的质量应良好，以保证面材铺贴平整；对于如此多区域、多形状的橡胶地板施工，交接面的良好衔接、接缝的细致处理是项目的亮点。

动漫区地面细部图

橡胶地板铺设工艺：

施 工 准 备 设计单位选定的地板应封样保存，大面积铺设编制施工方案，并做好班组技术交底。按照图纸及现场复核数据，审核各种颜色的橡胶地板使用量。要求供货厂家不允许有色差，图书馆全部橡胶地板需一个批次生产。

测 量 放 线 本图书馆大面积使用橡胶地板，为避免橡胶地板出现平整度不够的问题，施工时用经纬仪、激光水准仪等对各区域测量、弹线、标高，做好标记。

自流平施工 先将基层上的灰尘扫掉，用钢丝刷和錾子刷净、剔掉灰浆皮和灰渣层，对于需要修补的坑洞用水泥砂浆进行填充修补。在待施工区域涂刷界面剂，涂刷厚度应均匀一致，以 2 遍为宜。将自流平水泥加水混合，配合比根据厂家标准进行配置，搅拌 3 ~ 5min。将配好的自流平水泥浆料倒至施工区域，使用专用刮板刮平，厚度为 2~4mm，刮平后进行消泡处理，保证致密均匀。完成自流平后应对现场进行维护，防止误入损坏地面，待达到强度后方可进入施工。

铺贴橡胶地板 对所有进场的橡胶地板颜色和数量进行严格检查和核对，合格后方可使用，按现场就近原则分类堆放。现场铺贴橡胶地板时使用专用胶粘剂，对于施工区域在负一层或反潮现象严重的地面，铺贴橡胶地板前需先对该处地面进行防水涂层处理，经检测不漏后，方可进行铺贴。铺设时分区域、分颜色分别进行铺贴，先在待施工区域刷涂专用胶粘剂，然后将地板顺序铺贴，并逐步辊压压实，避免形成空气包起鼓现象。同时，为防止日后因温差、地板内部水汽压力等造成橡胶地板起鼓，在不同功能期分割处预留排汽口。不同地板块之间采用专用接缝条进行焊融连接，确保相邻板块间连接紧密平整。

成 品 保 护 为避免交叉施工过程中地面铺贴踩踏现象发生，将通道施工区域按轴线分段、分边完成。确定已铺贴完成、可以踩踏时，将其完成面清扫干净后，先用塑料薄膜覆盖，再用石膏板满铺保护。后续工程在橡胶地板面上施工时，必须进行遮盖、支垫，严禁直接在橡胶地板面上动火、焊接、和灰、调漆、支铁梯、搭脚手架等。

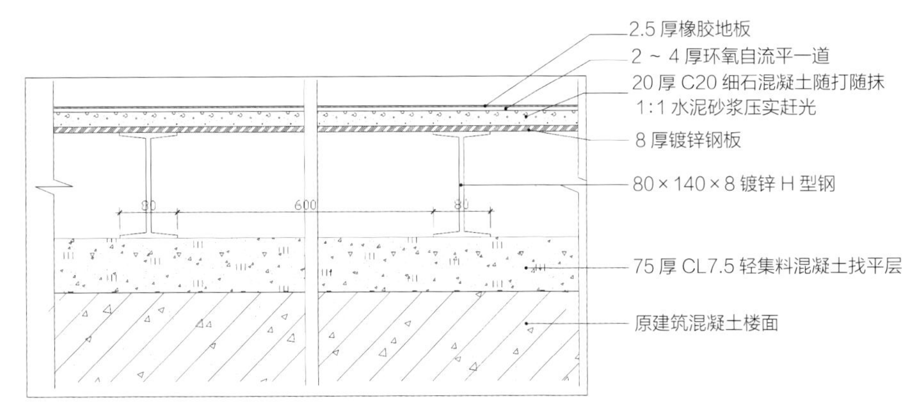

橡胶地板节点图

社科文献室

设计：中间淡雅白大理石方柱，侧边黑檀木制半圆形书架，与房间区域形成整体方中有圆、圆中有方的布局，意寓一方天地。社科文献包罗万象，历史典籍典藏丰富，其中自有一片天地，二者意境一致、异曲同工。

材料：地面采用玻化砖，墙面为橡木饰面板，书架为檀木书架，顶棚采用条形铝板、格栅灯、LED 射灯。

工艺：木质书架全部采用传统木工的榫卯结构，在专业木制品加工厂加工成半成品及成品后，运至现场组装拼接就位。现场首先完成地面瓷砖铺设，再安装放置书架。吊顶为白色条形铝单板，用膨胀螺栓、吊杆吊件固定在上层楼板底。木质书架在专业木制品加工厂经过防火、防腐、防白蚁处理后，在面层涂刷环保型水基漆，透出木材本色。根据设计要求，书架整体验收标准为，保证榫卯严密无松动，平整度、垂直度在可允许的误差范围内，漆面厚度一致、无流淌痕迹。

社科文献室

大连地铁 1 号线车站装饰工程

项目地点

春柳站、香工街站位于大连市华北路，东纬路站位于大连市东纬路和促进路交汇处，松江路站位于大连市松江路和山东路交汇处，千山路站位于大连市千山路和山东路交汇处

工程规模

建筑面积 22000m^2

建设单位

大连地铁集团有限公司

社会评价及使用效果

大连地铁 1 号线是大连市开通的首条地铁线，它的开通极大缩短了城市区域间的距离，方便了百姓出行，充分利用城市空间，减小地面交通压力，减少尾气排放，有利于城市环境保护，大大提高了百姓的生活效率，受到市民的好评

千山路站外景

设计特点

春柳站、香工街站采用分离岛式结构，共有两个站厅层分列东联路桥两侧，站台则由通道相连，可在站台内搭乘上下行双向列车，无须返回站厅层换乘。整体装饰风格现代、时尚、简洁，波浪形的顶棚很容易让人联想到大连的浪漫海景，而清新素雅的色彩不易过时，也不易造成视觉疲劳，打造便捷、舒适、高效的出行空间。

功能空间介绍

地铁站台（松江路站）

设计：整个空间以黑白色搭配为主调，以石材、金属、玻璃等现代感极强的设计元素，彰显设计简约现代的本质。在安全门上增加的一道绿色警示线，让站台显得更加醒目自然。顶板造型区分为多个板块，层层递进，设计感十足，整体视觉感丰富大气。

材料：地面采用 800mm × 800mm 白麻花岗石以及丰镇黑大理石，墙面、柱子饰面采用大量白色铝板饰面，顶棚采用白色铝板、白色铝方通，灯具为磨砂透光灯片和 LED 筒灯。

技术分析：站台地面花岗石铺贴与普通地面石材铺贴相比有更多的专业要求，帽石铺贴位置要严格以轨道中心线为控制线，对安装的精度要求较高；另外包括盲道砖、防静电隔条、地面导向标识的安装都是本分项工程的重点和难点。针对以上要求，本项施工通过技术创新，将测量放线以柱中心为轴线改为以轨道中心为轴线，对石材的铺贴更加精准，从而保证工程的施工质量。

工艺：站台地面采用大面积的石材铺设，提前按照墙柱轴线设置伸缩缝，达到施工与设计的完美统一。圆形柱面铝板加工时将整个圆形分为两个半圆形铝板，半圆形铝板加工时在背面增加钢骨架，保证板面不变形；面板出厂前应在表面覆盖保护膜，到达现场安装完成后不立即撕除，待进行现场清理工作时再拆除保护膜，以保证面板洁净。

地铁站台（松江路站）

花岗石地面铺贴施工工艺：

施工准备 熟悉施工图纸设计文件，熟练掌握设计图纸的连接节点大样图及设计要求，编制施工方案并经审查批准，按批准的施工方案进行技术交底。根据现场各工序、工种、不同队伍之间的相互制约条件，确定施工顺序。组织工序交接检查工作，水电安装等隐蔽工程应完成。地面垫层、水电设备管线等施工完毕并办理完相关专业的交接手续。施工部位地面杂物等全部清理干净，避免施工过程中交叉影响。按设计要求制作施工样板，经检查验收合格。

基层处理 石材施工前将地面基层上的落地灰等杂物细致地清理干净，在地面刷一道水泥浆结合层（或水泥浆掺 5% 界面剂）。基层处理应达到施工要求，考虑到装饰厚度，在正式施工前需用清水湿润地面但不得有积水。

弹线 石材控制线依据站前施工单位提供的铁轨中心控制线进行量测，本工程直线段按帽石边到控制线 75mm 来控制。铁轨控制线可保证最终石材铺设完成后，离站台最近的铁轨中心线距站台帽石边缘的水平距离不小于 1750mm，站台帽石边缘按铁路规定允许偏离轨道偏差 15mm 以内。同时站台帽石边缘的标高控制线也应依据站前施工单位提供的铁轨标高控制线确定，站台帽石边缘的完成标高应距铁轨轨面标高不大于 1250mm。

试排 在站台的两个垂直方向铺两条干砂带，宽度大于板块宽度，厚度 30mm 以上，结合施工大样图及实际尺寸，把花岗石板块、警戒砖、盲道砖排好，检查板块之间的缝隙。

刷水泥浆铺砂浆结合层 试排后将干砂和板块移开，清扫干净，用喷壶洒水润湿，刷一层素水泥浆 (水灰比为 0.5，不要刷得面积过大 , 随铺砂浆随刷)。拉十字控制线 , 用 1 ：3 的干硬性水泥砂浆铺找平层。铺好后用靠尺板刮平 , 再用抹子拍实找平 , 面积以能铺 3 m^2 左右为宜。

铺石材板块 根据站台的十字控制线 , 纵横各铺一行 , 作为大面积铺石材标筋用。石材缝隙为 2mm，在十字控制线交点开始铺砌，按照图纸设计的位置留设 8mm 伸缩缝。先试铺 , 即搬起板块对好纵横控制线，铺落在已铺好的 1 ：3 干硬性砂浆找平层上 , 用橡皮锤敲击板材直到平整。振实砂浆至铺设高度后，将板块掀起移至一旁，检查砂浆表面与板块之间是否相吻合，如发现有空隙 , 用砂浆填补实 , 然后正式镶铺 , 在板材背面满刮一层水泥素浆，再铺板块安放时四角同时往下落，用橡皮锤或木锤轻击板材上的木垫板，根据水平线用靠尺找平，铺完第一块，向两侧和后退方向顺序铺砌。铺完纵、横行之后有了标准，可分段分区依次铺砌。南北向以站台中心控制线为起点，东西向以现场设置的控制线开始铺贴。

灌浆、擦缝 在铺砌 1 ~ 2d 后进行勾缝擦缝。根据石材颜色选择相同颜色的勾缝剂，灌入板块之间的缝隙中，至基本灌满为止。后用棉纱团蘸原勾缝剂与板面擦平，同时将板面上的勾缝剂擦净。施工完毕后，面层加以覆盖保护，养护时间不应小于 7d。

清洗、成品保护 当天石材铺贴完毕，应将剩余砂浆及石材清理完毕并码放整齐，铺贴完成的石材表面应清洁干净，并进行必要的围挡和遮盖保护。

站台地面局部（松江路站）

地铁站台出入口（春柳站）

设计： 双层高低式不锈钢扶手的设计考虑到成人、小孩等不同使用人群，充分体现设计的合理性，而踏步中间的指示标识设计为疏导人群提供了便利。盲道延伸到楼梯最下面，方便无障碍出行。楼梯的踏步采用防滑设计，保证乘客出行的安全。出入口步行楼梯充分配合自动扶梯以及无障碍垂直电梯的功能，并做好导向标识；根据客流量数据设计楼梯踏步的宽度，并充分考虑可能产生的突发性客流等因素，取 1.1 ~ 1.25 的不均匀系数。

材料： 踏步采用白麻花岗石及盲道砖，并配合疏散标识；墙面采用白色铝板饰面；两侧 ϕ 50 不锈钢扶手及 10mm 钢化玻璃栏板。

工艺： 楼梯两侧的栏杆采用锚板预埋件，以膨胀螺栓固定，栏杆与预埋件采用焊接连接，从而保证栏杆扶手的稳定性，楼梯踏步石材采用湿贴工艺。

地铁站台出入口（春柳站）

站厅顶部装饰（东纬路站）

地铁站厅（东纬路站）

设计：顶部灯槽采用直线型，灯槽间互相连通，白色铝圆通弧线形安装，造型元素以曲线为主，意寓青山起伏和海水流动，体现大连这座海滨城市的山海文化内涵，形成一种流动、明快的空间韵律，给人以活力大气的感觉。

材料：地面采用 800mm × 800 mm 白麻花岗石以及丰镇黑大理石，墙柱面为白色铝板饰面，顶棚采用白色弧形铝板、白色铝圆通，灯具为磨砂透光灯片。

技术分析：大面积弧形铝圆通吊顶的施工是本工程的重难点，铝圆通的两侧与弧形铝肋板连接，对施工精度要求较高，加上圆通的数量较多，高空安装比较困难，所以对传统铝圆通的施工方法

地铁站厅（东纬路站）

进行了创新，采用分片式地面组装、高空吊装的施工方法，极大地提高了工作效率，降低了项目成本，受到建设单位的好评。

铝圆通吊顶安装工艺：

施　工　准　备　熟悉施工图纸设计文件，熟练掌握设计图纸的连接节点大样图及设计要求，编制施工方案并经审查批准，按批准的施工方案进行技术交底。根据现场各工序、工种、不同队伍之间相互制约条件，确定施工顺序。组织结构工程验收和工序交接检查工作，水电安装等隐蔽工程应完成。顶棚机电设备管线等施工完毕并办理完相关专业的交接手续。施工部位地面杂物等全部清理干净，避免施工过程中交叉影响。根据设计排版及现场测量尺寸将材料下料单下达至铝板厂，并要求铝板厂根据区域及规格进行编号区分，保证分区域编号，分规格编号。

测　量　放　线　依据地铁站厅内标高控制水准线，按设计要求在站厅四角量测出顶棚标高控制点（控制点间距宜为 3 ~ 5m），然后用粉线沿四周墙柱弹出水平标高控制线。依据站厅吊顶平面尺寸图，确定龙骨、吊杆位置线和顶棚造型、大中型设备、风口等机电设备及管线的位置、轮廓线，并弹在顶板上。主龙骨应避开大中型设备、风口等位置，从站厅吊顶中心向两边均匀排列。吊杆的间距应依据格栅的材质重量而定，一般为 900 ~ 1500mm。遇有大型设备或风道，间距大于 1200mm 时，宜采用型钢扁担来满足吊杆间距。

吊杆及主龙骨安装　固定吊杆：在钢筋混凝土楼板上采用膨胀螺栓固定角码和 Φ10 吊杆。在遇到大型机电设备无法直接安装吊杆时，采用 L40×40×4 角钢做横担，两端用角钢与顶棚角码连接固定，在角钢横担合适的位置上设置吊杆。主龙骨安装：将 C60 主龙骨用吊挂件连接下吊杆，拧紧螺母卡牢，C60 主龙骨接长用接插件连接。主龙骨按照大样图的位置和方向安装完毕进行调平，可用木方将主龙骨卡住临时固定，在主龙骨下面拉线打平，拧动吊杆螺栓使主龙骨升降，并考虑顶棚起拱高度不大于空间短向跨度的 3/1000。主龙骨的间距不大于 1200mm，离墙第一根主龙骨距离不超过 300mm，排到最后距离如超过 300mm，应增设一根主龙骨。

铝圆通组框及吊装　铝圆通地面组框：在施工地面将根据设计好定制加工的弧形副龙骨与 Φ50 铝圆通进行组框，将铝圆通的上口与副龙骨挂接，每次组框的铝圆通不超过 15 根。铝圆通组框吊装：将组框好的铝圆通用电动捯链吊到设计的位置，将副龙骨与主龙骨通过特殊挂件进行连接，根据图纸尺寸调整好组框的最低点和最高点进行组框定位。组框与已安装好的弧形肋板通过预制连接件进行连接。

整体固定及清理　铝圆通组框与主龙骨连接好之后，进行整体标高调整，直到符合设计要求为止，对安装过程中污染的铝圆通及时进行清理。

地铁站厅检票口

地铁站厅售票处

地铁站出入口（东纬路站）

站厅检票口（东纬路站）

设计：检票口位置的设计充分满足人体工程学的要求，最大限度地优化乘客的出入流线，保证地铁功能流畅通顺。

材料：地面采用 800mm × 800 mm 白麻花岗石以及丰镇黑大理石，墙柱面为白色铝板饰面，顶棚采用白色弧形铝板、白色铝圆通，灯具为磨砂透光灯片。

站厅售票处（香工街站）

设计：自助售票机位置的设计符合空间功能流线，整个站厅空间得到充分利用。

材料：地面采用 800mm × 800 mm 白麻花岗石以及丰镇黑大理石，墙柱面为白色铝板饰面，顶棚采用白色铝圆通，灯具为磨砂透光灯片及 LED 筒灯。

地铁站出入口（东纬路站）

设计：楼梯水平段超过 42m，垂直高度超过 20 m，侧面楼梯两侧均为不锈钢扶手、电动扶梯之间的不锈钢半球，以及地面的疏散标识充分保证了乘客进出的安全。

材料：地面采用 800mm × 800mm 白麻花岗石，墙柱面采用白色微晶石，踢脚线采用丰镇黑大理石，顶棚采用白色铝圆通及竖向金属格栅，灯具采用磨砂透光灯片。

武汉中心医院北院区装饰工程

项目地点

武汉市江汉区姑嫂树路 14 号

工程规模

建筑面积 45190 m^2

建设单位

武汉市中心医院

获奖情况

2015-2016 年度全国建筑工程装饰奖

社会评价及使用效果

武汉市中心医院是一所融医疗、教学、科研、预防于一体的大型现代化国家三级甲等医院，武汉市中心医院北院区改扩建室内装修工程开工伊始便受到了社会各界的广泛关注，经过 7 个月的努力奋斗，如期交付业主，得到了业主的认可和行业好评，获得了 2015 ~ 2016 年度全国建筑工程装饰奖。大气温馨的装修效果，给在此工作的医护人员提供了良好的工作环境，给病患朋友提供了舒适的就医环境，得到了广泛好评

武汉市中心医院外景

设计特点

室内设计简洁舒适，功能分区极为合理，全部使用环保材料，充分考虑到医院实际使用者及患者的安全与日常体验。大范围的暖色调，通透的自然采光和恰到好处的绿植点缀，营造出有别于其他医院冰冷氛围的舒适气场。

功能空间介绍

A 区住院部大厅

设计：A 区住院部大厅中庭的墙面和柱面大量采用木纹色饰面板，设计独具怀旧风格，与线型灯带相互衬托，形成线面的有机结合。大厅长43.2m，宽22.8m，净高8.4m，入口呈圆弧状，墙面采用全玻璃幕墙设计，更好地把自然光引入室内。吊顶采用斜坡式设计，顶棚造型与地面线条呼应，使整个大厅显得整齐而不凌乱，营造一种舒适感，结合一排排整齐高大挺拔的圆柱，延续大厅的简洁风格。

材料：地面采用白麻石材、米黄石材饰面（定制弧形），墙面为木纹抗倍特挂墙板，顶面为白色金属蜂窝复合铝板。

技术分析：此区域技术难点在于柱面抗倍特挂墙板需要做成半圆形，对板材尺寸精确度要求较高，且需要保证造型稳固，对加工定制有较高要求；重点是墙、柱面 90% 使用抗倍特挂墙板这一种材料，施工方法统一；亮点是柱面底部米黄石材为定制弧形，用大块方料加工成两个半圆，安装成圆形，成型效果较好，保证了整体圆形弧度达到设计要求。使用大面积同种颜色的抗倍特墙板使，保持了整体颜色的一致性，带来了较好的感官效果。抗倍特挂墙板安装工艺相较于传统木饰面板安装，采用组合式挂件安装的方式，避免了传统胶粘法安装容易影响使用期限的问题，也避免了胶粘法对施工基层清洁度要求较高的问题。组合挂件安装方便、高效，使用时间相较于胶粘剂更加长久；又因其不需要基层板作为胶粘剂基层，节省了基层板的消耗量，减少了木材的使用，符合绿色环保理念。

A 区住院部大厅

抗倍特墙板安装工艺：

基层处理 首先进行基层处理，将墙面清理干净，将障碍物予以清除，以便于放线、安装。

测量放线 根据墙面排版图及现场实际情况，将抗倍特板分格线、L 形角码安装线、固定点位置等标识于墙面。

安装龙骨 根据安装点位在主体结构上打孔安装 M8 膨胀螺栓，将 L 形固定角码与主体结构连接固定。按弹线位置将 C 形竖龙骨用螺栓与 L 形固定角码连接固定，安装时应随时检验标高和中心线位置，保证骨架垂直和平整。竖龙骨安装轴线前后偏差不大于 3mm，左右偏差不大于 3mm，相邻两根竖龙骨距离偏差不大于 2mm。然后将 U 形横龙骨通过自攻螺钉与竖龙骨连接固定，并注意核对安装标高，标高偏差不应大于 3mm，螺钉连接应紧固。

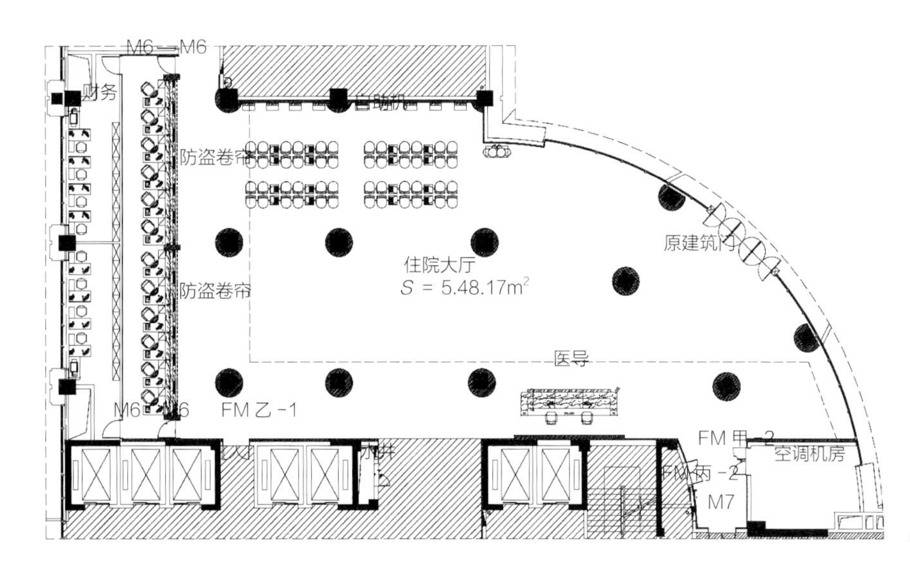

A 区住院部大厅平面图

柱面抗倍特挂墙板

抗倍特板安装 将抗倍特板按照排版图加工，然后将专用挂件用自攻螺钉固定于抗倍特板背面对应位置，再将其插入U形横龙骨中，用可调节螺杆连接固定，板间留缝宽度为3mm。

收 口 收 边 墙柱面板底部与石材直碰收口，板面完成面与石材完成面一致，顶部高度高于顶部饰面板板面标高。墙面平面部分板面与圆柱板面的收边采用平面板直碰圆柱弧形面板的方式，以保证接缝顺直。

细 节 处 理 板材安装完成后进行板缝注胶，注胶时沿板缝两侧贴防污面纹纸，用胶枪在板缝处打中性密封胶，打胶应嵌填密实、光滑平顺。

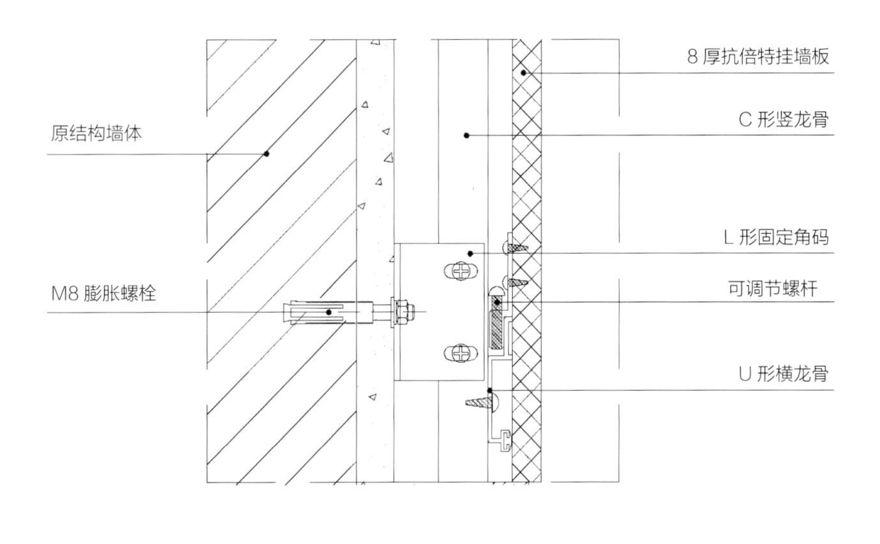

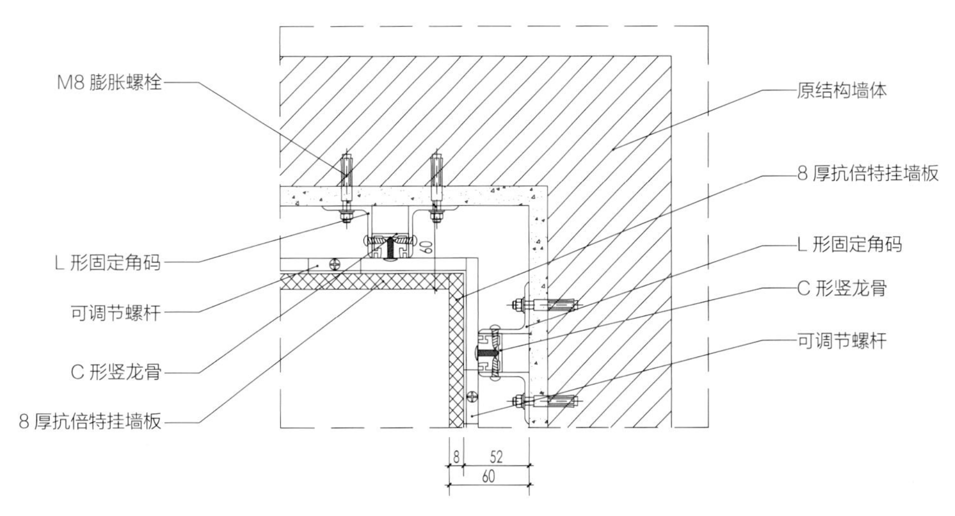

抗倍特挂墙板横向剖面图

A 区电梯厅

设计：A 区长 17m，宽 5.3m，净高 3.85m，空间高大而宽敞。墙面木纹冰火板与皇室啡石材相间搭配，摒弃了繁杂的装饰，规整的线条把空间分割得井然有序，有序的排列让空间更显宽敞。在灯光衬托下，镜面材料的折射，增强了整个空间的美感，使其视觉效果最大完美化。

材料：地面采用白（灰）麻石材、皇室啡石材，墙面采用木纹冰火板，顶面采用白色金属蜂窝复合板饰。

墙面木纹冰火板安装工艺：

木纹冰火板采用 C75 系列轻钢龙骨作为轻钢骨架，顶部与底部用 C75 天地龙骨作为横向支撑龙骨，中部采用 C75 竖龙骨与天地龙骨连接固定，形成轻钢骨架。同时将厚度为 5.5mm 的木纹冰火板在工厂与 9mm 厚的阻燃夹板粘在一起，待钢骨架安装完成后，在轻钢龙骨侧面涂刷专用胶粘剂，将冰火板与之粘结固定，粘结前需将龙骨基层清理干净，保证粘结平整、牢固。

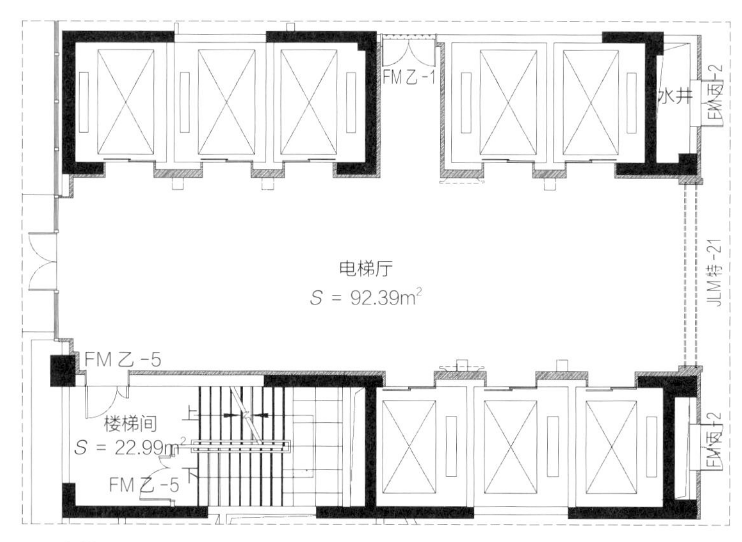

A 区电梯厅平面图

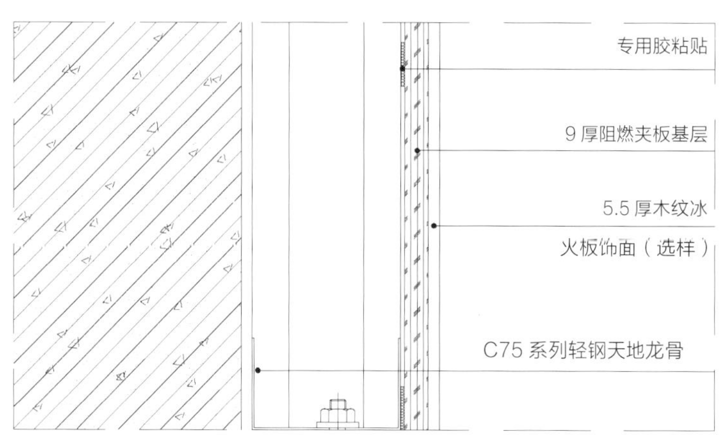

墙面木纹冰火板大样图

A 区电梯厅（一）

A 区电梯厅（二）

A 区过道

设计：过道与大厅被设置在同一轴线上，布局紧凑合理，延续大厅的风格造型，A 级白色透光软膜内藏有序分布的 T5 日光灯，与地面独特生动的圆形图案相互辉映，线条无限延展，更显空间的宽敞悠长。墙面的装饰画采用混搭的手法，配以金色边框的装饰，将现代中式文化与自然文化融合在一起，营造出丰富且生动的环境氛围。

材料：地面采用白（灰）麻石材，墙面采用木纹抗倍特挂墙板、砂钢、米黄石材、淡绿色钢化烤漆玻璃，顶面采用白色微孔蜂窝复合板。

A 区过道

B 区门诊大厅

设计：B 区门诊大厅的设计继续延续 A 区大厅的风格，依旧采用木纹板墙柱饰面，地面采用白（灰）麻石材，部分采用米黄石材饰面，通过搭配板类、石材类、金属类等材质以及设置造型吊顶、光源灯具，营造简洁、明快和温馨的效果。大厅中部采用 8 根圆柱围成一个从第一层到屋面的圆形中庭，屋面是一个钢结构与玻璃组成的穹顶结构，大小不一的同心圆给人无限的空间感，在灯光的照耀下，板材和石材的反射使整个空间更加璀璨和闪耀。

材料：地面采用白（灰）麻石材，墙面采用木纹抗倍特拄墙板、米黄石材，顶面采用白色微孔蜂窝复合板。

B 区门诊大厅（一）

B 区门诊大厅（二）

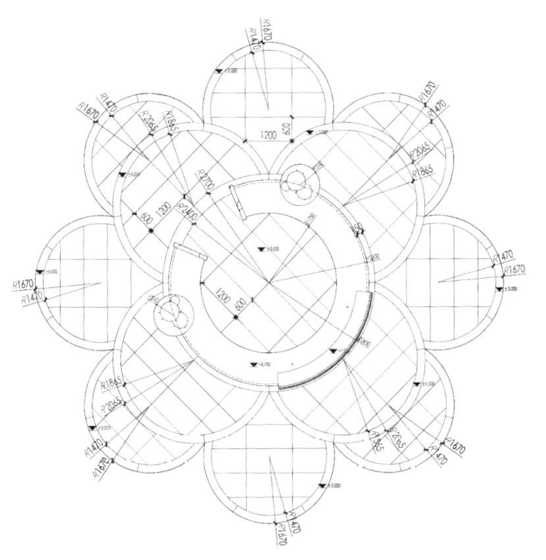

B 区门诊大厅地面拼花大样图

技术分析：B 区门诊大厅的技术难点在于地面拼花石材面积大，弧线较多，加工比较复杂；重点是加工排版时要编号清晰，现场材料堆放要分区域按石材类别分别放置，以保证施工有序进行；亮点是整体大面积拼花施工平整度控制良好，拼花部分各个小块拼接过渡自然，弧线顺畅。

拼花石材过去多在现场制模，然后在加工厂根据模板进行切割打磨加工，实施过程精度不高，容易出现偏差。本工艺中的弧线拼花部分均采用水刀切割，不用制作模板，即把所需要的规格尺寸形状等输入水刀数控设备，通过电脑控制直接在板材上切割所需要的拼花图案的组件，保证了切割的精度。

地面拼花石材铺贴工艺：

基层处理 对施工区域进行基层清理，将基层凸出物、杂物、浮尘等清理干净，检查相关水电管线等隐蔽工程是否完成，确保达到施工条件。

测量放线 采用红外线激光水平仪及墨斗、墨线等根据设计排版图进行现场放线，将基准控制线及排版分格线标识于地面。

材料加工 将放线后的准确板块尺寸数据及整体排版图发送至石材加工厂，要求石材加工厂根据图纸进行加工，并对每个板块进行编号，编号应根据整体区域划分，加工时应保证相邻区域板块颜色一致，不应有明显差别。

石材铺贴 将加工好的石材运至施工现场，按照分隔的施工区域分别放置，并注意将拼花石材单独放置于一旁。石材铺贴采取从中心往四周铺贴的方式，首先洒水湿润地面，然后涂刷一遍素水泥浆，增加基层粘结力，采用 1 ： 3 的干硬性水泥砂浆铺设找平层，然后将对应板块石材置于找平层进行试铺，用橡皮锤轻敲压实，确认板块纹路衔接、标高无误后进行实铺。实铺采用素水泥浆满刮板材背面，并在找平层上满铺一遍，再将石材铺贴于找平层上，用橡皮锤轻敲压实，调节平整，并将表面溢出水泥浆擦拭干净。铺贴过程中随时用 2m 靠尺和水平尺检查平整度。

养　护 石材面层铺贴完成后应进行养护，养护时间不少于 7d。

B 区会议室

设计：以暖色为主调的会议室，设计简单明了，在柔和的灯光下显得华而不奢，米色透声布硬包与白橡木哑光板相间布置，更好地融合传统与现代之美，一排排整齐的三角形顶棚与地面一排排整齐的座椅相呼应，更显其庄重和朴素。

材料：地面采用亚麻地板、实木踢脚，墙面采用米黄石材、米色透声布硬包、白橡木哑光板，顶面采用纸面石膏板。

B 区会议室

B 区医街墙面淡绿色钢化烤漆玻璃

B 区医街

设计：医街采用大量淡绿色的钢化烤漆玻璃，与石棉板材和石材相间布置，再融入医院医技历史照片，让整个街道弥漫着医院的文化气息，以使人获得别样的心理感受。

材料：地面采用白（灰）麻石材，墙面采用木纹抗背特挂墙板、米黄石材、淡绿色钢化烤漆玻璃，顶面采用白色微孔蜂窝复合板。

技术分析：此区域的技术难点在于墙面淡绿色钢化烤漆玻璃单块面积较大，安装不便；重点在于轻钢龙骨与墙体连接采用的塑料膨胀管，需控制打孔深度和孔径与膨胀管大小相适应，以保证安装牢固；亮点

B 区医街

是连续大面积的烤漆玻璃在加工过程中保证了颜色的一致性，从而保证了整体效果的良好展现。

出于对操作便捷性的考虑，采用了玻璃吸盘用于玻璃板块的现场安装和临时固定操作。玻璃吸盘可以直接吸附于玻璃表面，吸盘有手柄可以手握控制，避免了人工手扶两侧或单面手扶操作的不便。

墙面钢化烤漆玻璃安装工艺：

测量放线 根据设计尺寸规格先将龙骨定位线弹出，并在侧边标出龙骨完成面控制线，然后弹出基层板完成面控制线，最后安装钢化烤漆玻璃完成面线。

龙骨安装 严格按照龙骨定位线将 CB50 轻钢龙骨用塑料膨胀管固定于墙体，然后将 U 形固定夹用拉铆钉固定于轻钢龙骨上。

钢化烤漆玻璃安装 将工厂生产完成的 8mm 厚浅绿色钢化烤漆玻璃与 9mm 厚阻燃夹板基层用中性玻璃结构胶粘结牢固，待其稳定后进行安装。浅绿色钢化烤漆玻璃复合板安装时应先将固定夹与 9mm 基层夹板连接固定，安装位置应与龙骨位置对应，然后采用吸盘将玻璃板吸附牢固，逐步移至待安装位置，然后将固定夹卡入 CB50 轻钢龙骨中，用拉铆钉固定。

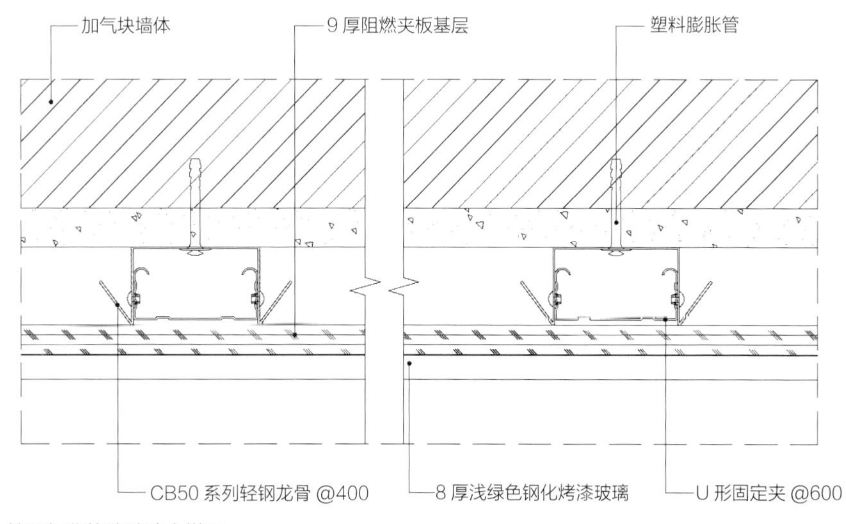

墙面钢化烤漆玻璃大样图

A 区住院部

设计：墙面和顶棚主要以米白和原木色为主，地面采用浅绿灰色 PVC 地胶，给人清洁明亮的感觉。

材料：地面采用浅绿灰色 PVC 地胶，墙面采用米黄乳胶漆、白色石英石台面、仿白橡木防火板、砂钢饰面踢脚，顶面采用纸面石膏板。

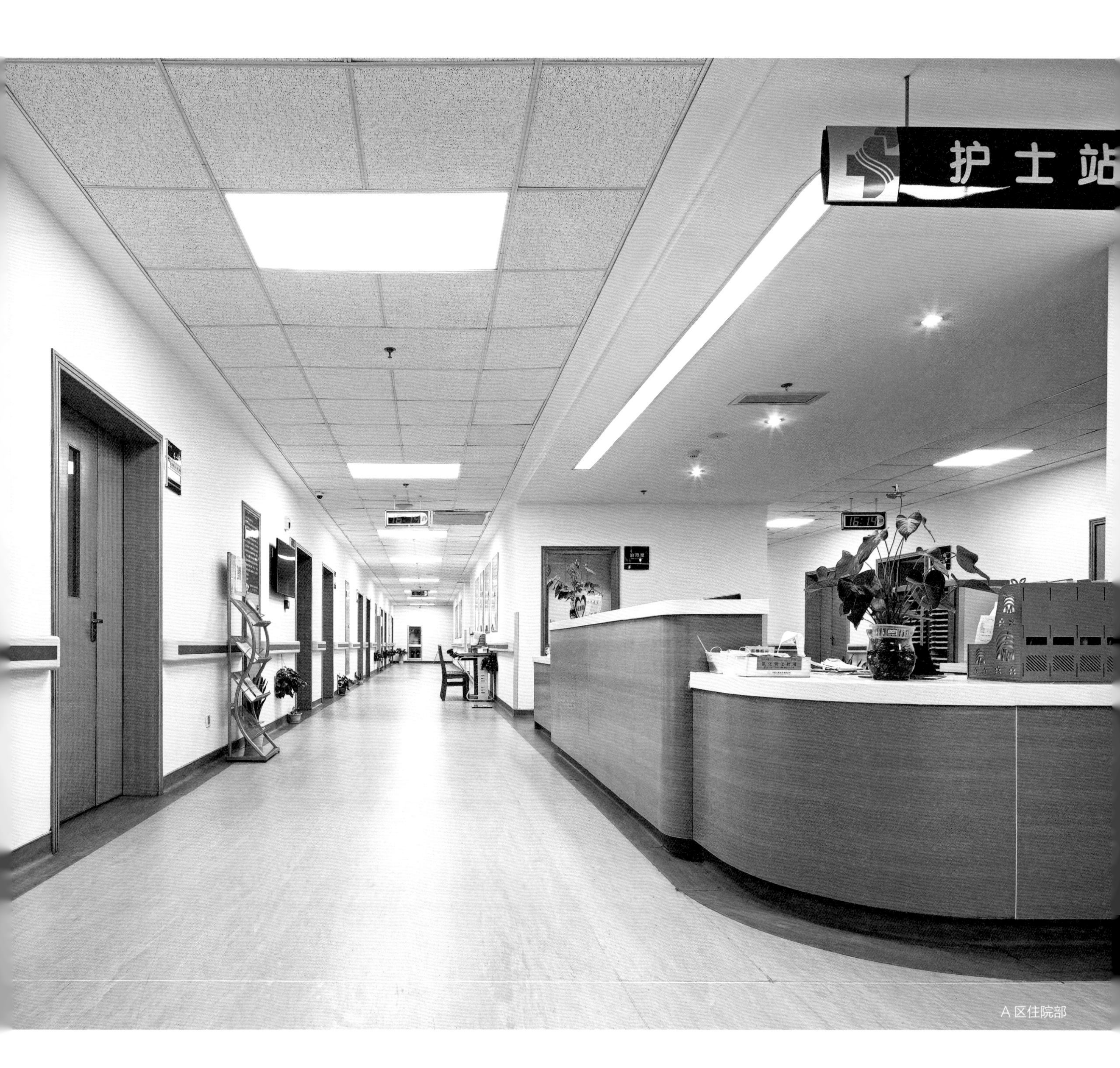

A 区住院部

深圳宝贤办公楼装饰工程

项目地址

深圳市福田区车公庙泰然四路 303 栋 3 层

工程规模

装饰面积 1800m^2

建设单位

深圳市宝贤投资有限公司

获奖情况

2015-2016 年度全国建筑工程装饰奖

社会评价及使用效果

好的办公环境，可以让员工精神饱满地投入到每天的工作当中，更好地为公司创造效益。此外，潜在的客户到访，一个干净整洁的洽谈室会给其留下好的印象，一个好公司必定注重细节，良好的办公环境是一个公司形象的体现

宝鹰集团
BAUING GROUP
知彼的鷹敵力
敢是善於臨陣決機是順勢而
為與時俱進的生存能力
勇是知而能行的活力是知難
而進善對險阻的毅志力與勤
奮拼搏敢於擔當的實踐能力
寶鷹正是憑藉這三種力量走
到今天未來也必定能藉以德
被四方而所向披靡在努力造
福社會的同時也必將造福所
有寶鷹人
宝贤办公楼前台

董事局主席办公室

设计特点

宝贤办公楼是集办公室、会议室、董事局主席办公室、美术馆、开放办公区于一体的多功能办公楼层，在总体风格上遵循业主需求，为现代中式风格，沉稳、现代。在设计语言上强调公司的文化，采用鹰的形体特征，大量运用折面、折线等，寓意鹰的羽毛及翅膀，这种符号贯穿整个项目，形成统一的风格。这种风格一是对中国传统风格在当前时代背景下的演绎，二是在对中国当代文化充分理解的基础上的当代设计，它不是传统风格及语言的堆砌，而是将现代元素和传统元素结合在一起，以现代人的审美需求来打造具有传统韵味的事物，让传统文化在当代社会中得到合适的体现。

功能空间介绍

董事局主席办公室

设计：董事局主席办公室办公区顶棚采用白色方形几何造型艺术吊顶，接待区采用白色石膏板造型吊顶与木色方形几何造型艺术吊顶相结合，是现代与经典的完美结合，整体效果繁中有简、温馨高雅。暖白色的灯带灯光使办公区光线自然、和谐；接待区电视软包背景采用阻燃扪布饰面，拼接处棱角分明，立体而优美。电视机处背景采用 2mm 厚玫瑰金抗指纹镜面不锈钢与咖啡色软包背景，提升了层次感。

材料：实木、石膏板、咖啡色阻燃扪布、2mm 厚玫瑰金抗指纹镜面不锈钢。

技术分析：软包墙面木框、底板、面板、格珊吊顶、木饰面等木材的树种、规格、等级、含水率和防腐处理，必须符合设计图纸要求和《木结构工程施工质量验收规范》GB 50206—2012 的规定。材料必须符合设计要求，并应符合建筑内装修设计防火的有关规定。木制品满足含水率不大于 12% 的要求。辅料有防潮纸或油毡、乳胶、木螺钉、木砂纸、氟化钠（纯度应在 75% 以上，不含游离氟化氢，黏度应能通过 120 号筛）或石油沥青（一般采用 10 号、30 号建筑石油沥青）等。木格栅骨架制作应测量顶棚准确尺寸后进行。龙骨要精加工，表面抛光，接口处开榫，横、竖龙骨交接处应半开槽搭接，还要进行阻燃剂涂刷处理。

接待区格栅吊顶

接待区电视墙软包背景局部

接待区造型顶棚局部

办公区白色格栅吊顶

软包施工工艺：

工艺流程：基层处理→吊直、套方、找规矩、弹线→计算用料、套裁面料→粘贴面料→安装装饰边线→修整软包墙面

基层处理 施工前应先检查软包部位基层情况，如基层不平整、不垂直，有松动开裂现象，应先对基层进行处理后再施工作业。

弹线找规矩 根据设计图纸要求，把办公室需要软包墙面的装饰尺寸、造型等通过吊直、套方、找规矩、弹线等工序，把实际设计的尺寸与造型落实到墙面上并分档。

计算用料、套裁面料 根据设计图纸的要求，软包墙面的具体做法为预制铺贴镶嵌法，要求必须横平竖直、不得歪斜，尺寸必须准确。按需要做定位标志以利于对号入座。然后按照设计要求进行用料计算和填充料、面料套裁工作。

粘贴面料 墙面细木装修基本完成、边框油漆达到交活条件时，首先按照设计图纸和造型的要求先粘贴填充难燃海绵，按设计用料（粘结用胶）把填充垫层固定在预制铺贴镶嵌底板上，然后按照定位标志找好横竖坐标把面料上下摆正，先把上部用木条加钉子，临时固定，然后把下端和两侧位置找好后，便可按设计要求粘贴面料。

安装装饰边线 根据设计选择和加工好装饰线条，应按设计要求先把油漆刷好，达到交活条件，便可安装事先预制铺贴镶嵌的装饰板，经过试拼达到设计要求和效果后，便可与基层固定并装饰线条。

修整软包墙面 如软包墙面施工安排靠后，其修整软包墙面工作比较简单；如施工较早，由于增加了成品保护膜，则修整工作量较大，例如增加除尘清理、钉粘保护膜的钉眼和胶痕的处理等。

木格栅吊顶施工工艺：

工艺流程：基层处理→放线→格栅安装→整理、收边

基层处理 施工前应先检查格栅吊顶部位基层情况，如基层不平整、不垂直，有松动开裂现象，应先对基层进行处理后再施工作业。

放线 应按大样图准确确定格栅吊顶的位置，并在基层板上弹线。依据吊顶平面大样图，顶棚造型、大中型设备、风口的位置、轮廓线，并弹在基层板上。应避开大中型设备、风口的位置。

格栅安装 木格栅骨架的制作应在准确测量顶棚尺寸的基础上进行，格栅骨架根据现场实测尺寸采用工厂制作、喷漆、现场成品安装并应进行阻燃剂涂刷处理。安装时应根据设计弹出标高控制线，采取整体吊装方法，将木格栅骨架整体移动到标高线以上，使用免钉胶将格栅吊顶暂时固定在顶棚上，将格栅骨架调整到与控制线平齐后，用气钉枪固定。

整理、收边 对木格栅骨架表面进行饰面处理，主要为安装钉眼的修补及碰撞、破损部位的修复，安装照明灯具和收口装饰线条，灯具底座可在制作木格栅骨架时安装，吊装后接通电源，格栅内框装饰条应在地面装完，吊顶安装后装收口线条封边，木格栅吊顶装完后要进行细部修整处理。

办公区走廊

设计：白玉石造型墙面，以及对多余材料运用的环保概念，成为整个长廊的设计焦点。采用鹰的折线形体特征，线条优美，将宝鹰文化融于办公区的整体设计。走道多处采用线型黄色透光云石，暖暖的黄光使整个空间辉煌而不庸俗。

材料：汉白玉石材。

技术分析：造型墙采用名贵的汉白玉石，为了避免样面出现色差，保证干挂时相邻块料纹理、花型对应，材料一次下料完毕、一次抄平，确保平整度。严格按照下料图纸生产加工并排版编码，以便安装施工。

白玉石凹凸造型墙

白玉石凹凸造型墙施工工艺：

收石材 验收由专人负责，要按设计要求认真检查石材规格、品种是否正确，与下料单是否相符，如发现明显色差的要单独码放，做好登记，以便补单加工 。

量放线 先将要干挂石材的墙面用线坠或经纬仪从上至下找出垂直控制线。同时应考虑石材厚度及石材内表面距结构表面的距离，一般以 60 ~ 80mm 为宜。再根据石材的高度，用水准仪测定水平线并标注在墙上，一般板缝为 6 ~ 10mm。弹线要从外墙饰面中心向两侧及上下分格，误差要匀开。

钻孔开槽 安装石板前先测量准确位置，然后再钻孔开槽，先在石板的两端距孔中心 80 ~ 100mm 处开槽钻孔，孔深 20 ~ 25mm，然后在墙面相对于石板开槽钻孔的位置钻直径 10mm 的孔，将 ϕ10 不锈钢螺栓一端插入孔中固定，另一端挂好锚固件。

白玉石凹凸造型墙局部

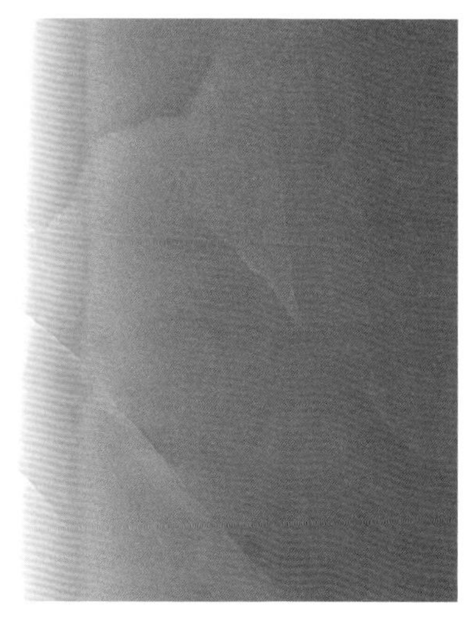
暗藏 LED 灯带亚克力板局部

底层石板安装 应根据固定的墙面上的不锈钢锚固件位置安装底层石板，具体操作是将石板孔槽和锚固件固定销对位安装好，利用锚固件的长方形螺栓孔，调节石板的平整，找阴阳角方正，拉通线找石板上口平直，然后用锚固件将石板固定，用嵌固胶将锚固件填堵固定。

上行石板安装 先往下一行石板的插销孔内注入嵌固胶，擦净残余胶液后，按照安装底层石板的操作方法使上行石板就位。检查安装质量，符合设计及规范要求后进行固定。

密 封 填 缝 待石板挂贴完毕，清洁表面并清除缝隙中的灰尘，在板与缝两边贴上美纹纸带，用小铲刀向板缝内压入填缝胶，待胶体完全干透后，刮掉溢出的胶体，打磨平整后，清洁石板表面，打蜡抛光。白玉石收边处采用 20mm 厚意大利黄木纹造型石材作边框；暗藏灯带处采用 ϕ10 不锈钢螺栓将 20mm 厚意大利黄木纹石材固定在隔墙上，灯带侧面由亚克力板罩面收口 ，使暗藏大功率色温 3000K 的 LED 灯带透出暖暖的黄光。

白玉石折形墙局部

白玉石折形墙立面

白玉石折形墙施工工艺：

墙面放线　按照施工图轴线及石材排版图并结合施工现场的实际尺寸进行墙面放线，统计施工现场与图纸不符的部位，与设计进行协调，策划整个石材干挂的施工方案。

石材排版　根据现场的实际尺寸进行墙面石材干挂安装排版，根据石材排版图进行现场弹线，并根据现场排版图编制石材下料单作为进货依据。石材的编号和尺寸必须准确。

龙骨安装　弹线作业完成，进行墙面打孔，孔深在 60 ~ 80mm，将 M10 不锈钢膨胀螺栓固定 30mm × 30mm × 3mm 镀锌角钢安装在隔墙上，将 30mm × 30mm × 3mm 镀锌方通固定在墙面上，以便调整折线形墙的角度。

装阻燃板　白玉石材与木饰墙相交处底层加装 9mm 厚阻燃夹板，折线形凹处采用 10mm 宽玫瑰金不锈钢条填缝连接收口。

装暗藏灯　清洁石板表面，打蜡抛光，折线墙造型侧面边框暗藏灯带工艺同白玉石凹凸造型墙。

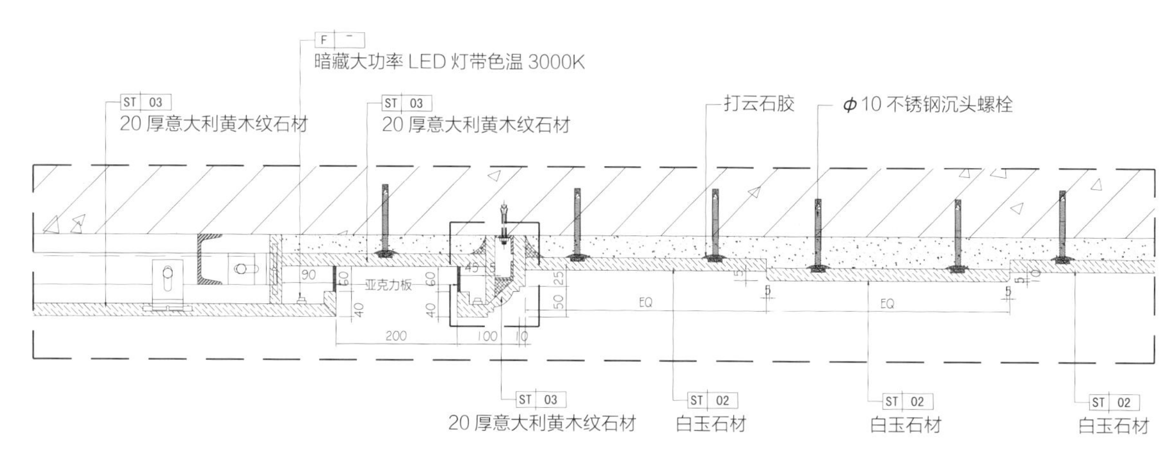

白玉石造型墙大样图

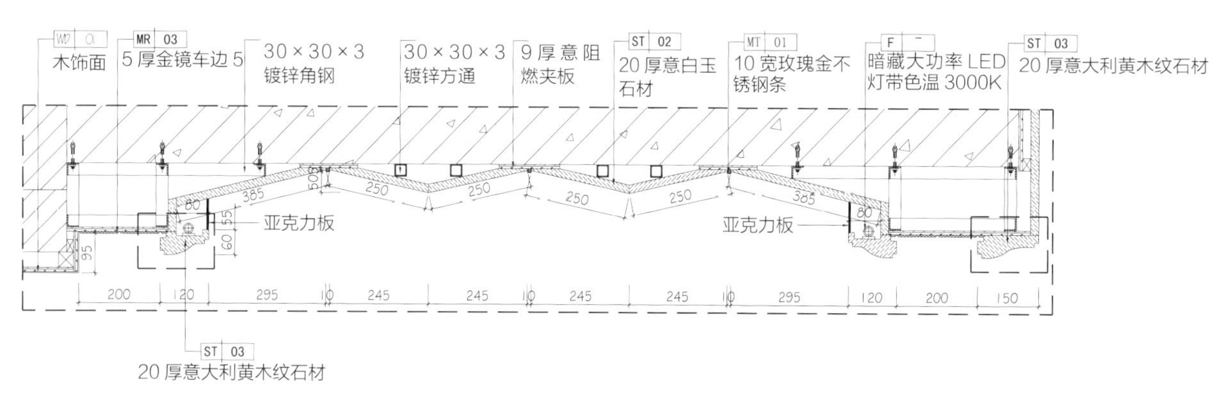

白玉石折形墙大样图

美术馆

美术馆装饰风格是新中式风格，非常讲究空间的层次感，使用中式的屏风或窗棂工艺隔断、简约化的中式“博古架”，这种新的分隔方式展现出中式展示区的层次之美。再以一些简约的造型为基础，添加中式元素，使整体空间更加丰富，大而不空，厚而不重，有格调又不显压抑。中式风格以中国几千年的历史文化为支撑，传递给人们深远、悠久、厚重、优雅的文化氛围，营造的是极富中国浪漫情调的生活、工作空间。

美术馆接待区

美术馆全景

晴耕

设计采取简单而适用的园林式拱门，与简约化的中式格栅屏风及其他功能分区和谐地区分开来，而顶部的设计再次突出了空间的功能性，陈列珍贵的历史文物、文献及艺术品，为展厅增加了浓厚的文化气息。

从门口进去，展示厅右边设置了绘画区，中间设置了接待区，经过拱形门后，映入眼帘的是各种展品区，三者相互共享又不相互干扰，合理利用了空间。接待区设在中央最显眼的位置，突出了公司对传播中国茶文化浓厚的兴致，展示厅突出了集团的企业形象与雄厚的实力，又不失中式风格的文化底蕴。

家具、展柜陈设按照中式风格的对称性进行摆放，配饰了字画、古玩、卷轴、盆景博古架等，以精致的工艺品加以点缀，更具文化韵味和独特风格，体现了中国传统文化的独特魅力。中式家具均用棂子做成方格或其他中式传统图案，用实木雕刻成各式题材的造型，打磨光滑，富有立体感。顶棚以木格栅相交成方格形，作简单的方形的格栅吊顶，用实木做框，层次清晰，漆成红木色。

经典抽屉

木格栅吊顶

颜色：多运用深红色、黄色，材料多运用红木等，体现中式风格的和谐之美，突出了现代、和谐的效果。

设计：美术馆充分展现宝鹰的企业文化，结合木质造型花格吊顶，是对中国传统风格文化意义在当前时代背景下的演绎。

材料：柚木实木。

技术分析：木格栅吊顶常见的质量缺陷为分格不均或不正，表面不平，有塌陷、起拱。为了杜绝这种问题，现场要有专人验收，如有不合格材料，应在一旁堆积好，以便退回给厂家。

木格栅施工工艺：

确定高度，在墙上用墨斗弹高水平线。用铁的膨胀螺栓把吊筋固定在顶上，吊筋下固定轻钢龙骨要保持水平。木格栅工厂整体加工油漆饰面后现场吊装。

工艺流程：弹线→固定吊挂杆件→轻钢龙骨安装→弹簧片安装→格栅安装

弹　　线　用水准仪在房间内每个墙（柱）角上抄出水平点（若墙体较长，中间也应适当抄几个点），弹出水准线（水准线距地面一般为500mm），从水准线量至吊顶设计高度，用粉线沿墙（柱）弹出水准线，即为吊顶格栅的下皮线。同时，按吊顶平面图，在混凝土顶板弹出主龙骨的位置。主龙骨应从吊顶中心向两边分，最大间距为1000mm，并标出吊杆的固定点，吊杆的固定点间距900 ~ 1000mm。如遇到梁和管道固定点大于设计和规程要求，应增加吊杆的固定点。

固定吊挂杆件　采用 ϕ8 膨胀螺栓固定吊挂杆件。吊杆采用不锈钢螺纹吊杆。用冲击电锤打孔，将制作好的吊杆用膨胀螺栓固定在楼板上，孔径应稍大于膨胀螺栓的直径。

轻钢龙骨安装　轻钢龙骨应吊挂在吊杆上。一般采用UC38轻钢龙骨，间距900 ~ 1000mm。轻钢龙骨应平行于房间长向安装，同时应起拱，起拱高度为房间跨度的1/300 ~ 1/200。轻钢龙骨的悬臂段不应大于300mm，否则应增加吊杆。主龙骨的接长应对接，相邻龙骨的对接接头要相互错开。轻钢龙骨挂好后应基本调平。跨度大于15m以上的吊顶，应在主龙骨上，每隔15m加一道大龙骨，并垂直主龙骨焊接牢固。

弹簧片安装　用吊杆与轻钢龙骨连接，间距900 ~ 1000mm，再将弹簧片卡在吊杆上。

格栅安装　将预装好的格栅吊顶用吊钩穿在主骨孔内吊起，将整栅与顶棚连接后，调整至水平。

艺术展品过道

艺术品展示区

设计：在射灯的投射下，浅木色边框与天蓝色纤维布相衬的艺术品橱窗，给艺术品增加了几分神秘色彩。

名称：展示柜。

材料：玻璃、浅胡桃木、拉丝铜，浅胡桃木组装框架，壁面粘贴天蓝色纤维布。

螺旋风管

设计：宝贤办公楼在装饰施工过程中率先使用了极具优势的椭圆螺旋风管，该风管是代替矩形风管最理想的产品，不仅功能优越，应用广泛，而且设计极符合装饰美学中的圆润美。设计充分发扬工匠精神，将椭圆螺旋风管深深地融入宝贤办公楼典雅的装饰里。

材料：铝合金螺旋风管。

技术分析：风管安装的位置、标高、走向，应符合设计要求，主、支风管应顺气流方向连接，风管连接应平直、不扭曲。椭圆形螺旋风管支吊架主要采用扁铁抱箍吊装和用角钢放于风管底部吊装两种方式，支吊架间距应符合设计和规范要求，设置合理，安装牢固，并应按照设计和规范要求设置防止风管摆动的固定支架。吊架的径孔应采用机械加工，吊杆应垂直，螺纹完整光洁，安装后支吊架的受力应均匀，无明显变形。使用卡支架时，卡应紧贴风管，使用角钢托装支架时，安装在支架上的椭圆形风管应设托座或卡箍。装水平风管的水平度允许偏差为 3/1000，总偏差应不大于 20mm；明装垂直风管的垂直度允许偏差为 2/1000，总偏差应不大于 20mm。

螺旋风管安装施工工艺：

放　　线　按吊顶平面图用水准仪测出螺旋风管的走向、标高，从水准线量至吊顶设计高度，用粉线沿墙（柱）弹出水准线，即为螺旋风管的下皮线。同时，按节点图，在混凝土顶板弹出吊杆的位置。吊杆应从螺旋风管中心向两边分，最大间距为 1000mm，并标出吊杆的固定点，吊杆的固定点间距 900 ~ 1000mm。

打孔、挂吊杆　用冲击钻按照弹好的位置打孔，采用制作好的 Φ8 膨胀螺栓吊杆固定安装。

安　　装　将制作好的螺旋风管采用扁铁抱箍式的吊装方法整体吊装。

调　　整　将螺旋风管连接后，调整至水平。

螺旋风管特点：椭圆形螺旋风管在圆形风管的基础上经过二次成型。首先通过风管成型机将钢带卷料加工成咬哨形，沿螺旋渐开线轨迹卷成圆形管状，同时将咬口缝压紧，最后采用特殊的设备将圆形风管经撑拉定型加工成两端为半圆形，中部由直线连成腰圆形的近椭圆形。

椭圆螺旋风管不仅有光滑的内表面、无涡流区、摩擦损失和噪声小等性能优点，还有锁缝严密无泄露，螺旋式锁缝具有加强筋作用，风管强度高，阻力、材料成本、密封性能比矩形风管小等优点。

开放式办公区螺旋风管

艺术展品局部

南京瑞华金融创新研发基地装饰工程

项目地点

位于南京市徐庄软件产业基地，东到宁芜铁路，西至绕城公路，北起宁镇公路（312 国道），南抵仙林大道（绕城公路连接线）

工程规模

建筑面积 7700m^2

建设单位

南京瑞和博信息科技有限公司

获奖情况

2017-2018 年度中国建筑工程装饰奖

社会评价及使用效果

创造性地设计出适合业主公司的风格，建筑外立面设计及景观设计做到内外交融、表里统一，建筑空间效果得以充分体现，具有现代文化特色的同时也符合中国人的审美观念

瑞华金融创新研发基地外景

设计特点

东方禅意雅奢办公空间——瑞华金融创新研发基地，把东方的慈善哲学、博爱意境转化为设计手法，在这个空间里，一切都似乎归于平静，静谧中带有古典的姿态，自由而不散漫地使中国传统的东方文化与瑞华控股特有的文化交织蔓延。这样一个富有东方禅意雅奢主义风格的办公空间在眼前徐徐展开画卷，充分调动欣赏者的积极性，于有限中寻求无限的景外之境、弦外之韵。任阳光沐浴，任山水流畅，任融景映入眼帘。有限的景象进而提炼成无限扩展的内在精神与本质，欣赏者尽享美景，因之神会而心得，因之仁慈而博爱，室内设计的出彩之处，是在浓厚的东方人文艺术情怀中，融入了现代的时尚感与日新月异的科技之美。

多功能的办公及生活环境，为基地的研发人员及客户提供了一个优良的工作与生活空间，生动活泼地展示了企业精神，成为激发灵活思维、引导创新、产生创意的理想之地。空间既注重体现传统文化的魅力，运用传统文化元素，同时又兼顾现代人对生活的理解和追求，摆脱了传统中式过于追求庄重典雅而缺乏时尚温馨的古板印象，体现出现代的包容性和人文性。

功能空间介绍

A1 幢大堂

设计：大堂前台背景墙选用特级进口格兰云天大理石，石材独特的浅蓝绿色与瑞华集团 Logo 色彩交相辉映，石材独特的纹理包揽围绕集团 Logo，寓意海纳百川的包容以及浩瀚的慈爱之心。

材料：地面采用了特级进口山纹玉石艺术石材、蓝色贝鲁石材，顶棚局部暗藏灯带、艺术射灯，软装搭配石雕、盆景，大堂前台背景墙选用格兰云天大理石。

A1 幢大堂

技术分析：大堂空间采用了大量价格昂贵的进口艺术石材，安装要求提高了，特别是圆柱的安装工艺；安装时相邻石材块料纹理、花型对应，以及安装的平整度都是安装必须面对的问题。

圆柱大理石安装工艺：

施工准备：熟悉审查施工图纸、有关的设计资料和设计依据、施工验收规范以及有关技术规定。施工人员在进场前，必须进行技术、安全交底。建立各项管理制度，严格执行国家行业标准。

工艺要求：水景区墙面铺设粗犷的花岗石石材经特殊拉毛处理，形成一道道梯坎，局部条状石材铺设凹凸有致，墙顶部暗藏喷水水管和暗藏灯带，定制水泥石狮现场安装；大堂以石材干挂为主要装饰饰面，柱面先按石材设计纹路电脑排版，石材加工厂根据图纸加工编号，安装时按编号进行拼接，大堂石材选用高级灰。

重点部位圆柱基础包大理石施工工艺及工序：

基层清理、修补 清除圆柱结构面上的浮尘和补灰、堵洞等部位，保证基层清洁。

挂面测量控制 按照设计图纸的要求和根据加工石材的规格，在圆柱面上放出竖直线和标高线。弹出石材竖向控制线，再以标高线为基线放出板材横向控制线，确定挂件的钻孔位置。

柱面钻孔 采用 M10 膨胀螺栓，钻孔直径 10.5mm，孔深 60mm。

圆柱钢构架安装 将槽钢用角码连接固定在钢筋混凝土圆柱结构上，通长竖龙骨 8 号槽钢直接焊接在用膨胀螺栓固定的钢板上，两侧通长满焊。次龙骨安装在竖龙骨上，次龙骨采用 40mm × 40mm × 4mm 角钢。

不锈钢挂件安装 测量后确定点，待石材就位测试后，再把 T 形件拧紧固定。

弧形石板安装 已编号的石材板对号入座、临时就位，利用 T 形件的调节孔进行调整。调整弧形板的垂直度和弧度，然后卸下石板，进行局部处理，符合要求后，将挂件连接紧固。

注胶嵌缝 弧形石材安装就位准确时，用云石胶涂满挂件和槽内的缝隙以及石材的接缝。

A1 幢大堂细部图

B2 幢大堂

设计：选用高端、线条流畅的石材，一览到底，与深浅交融的高级灰结合，使整个大堂更为气势磅礴，如行云流水，交相呼应，相得益彰。定制的天蓝色个性创意环形吊灯仿佛黑夜中点亮的一盏明灯，使欣赏者犹如置身于浩瀚的宇宙星空下。

材料：地墙面选用各种高档石材，顶棚暗藏灯带，石膏板造型吊顶。

水景区施工工艺：喷泉池底、池壁防水层的材料，应选用防水效果较好的卷材。喷泉水池的进水口、溢水口、泵坑等要设置在池内较隐蔽的地方，泵坑位置、穿管的位置宜靠近电源、水源，办公楼大堂水景施工是本项目的难点，其喷泉水景施工工艺流程如下：基层表面应平整、坚实、粗糙、清洁，刚性多层水泥砂浆防水层要求表面充分湿润、无积水。混凝土结构的施工缝按构造施工，要沿缝剔成 V 形斜坡槽，用水冲洗的，要用素灰打底、水泥砂浆压实抹平，槽深一般在 10mm 左右。 应采用 32.5 级矿渣硅酸盐水泥，并尽量减少水灰比，使水灰比≤ 0.55，可掺素磺酸钙减水剂，掺用减水剂配制的混凝土，耐油、抗渗性好，而且节约水泥。钢筋混凝土水池由于工艺需要，长度较长，在底板、池壁上设有伸缩缝。施工中必须将止水钢板或止水胶皮正确固定，并注意浇灌，防止止水钢板、止水胶皮移位。刚性多层防水层，在迎水面宜用五层交叉抹面做法，在背水面采用四层交叉

B2 幢大堂

水景图

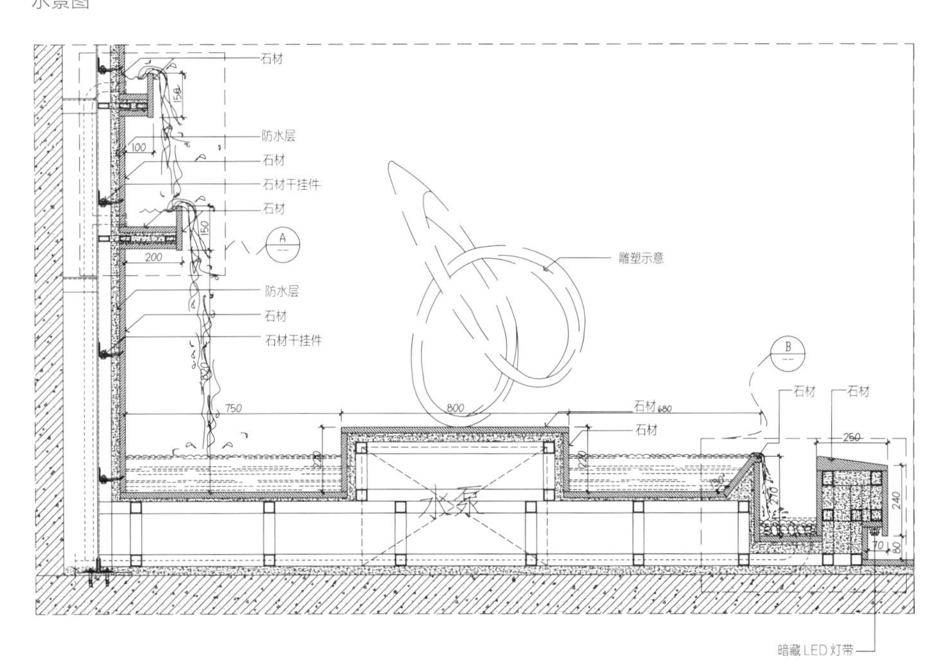

水景大样图

抹面做法。表面应压光，总厚度不应小于 20mm。水泥砂浆的稠度宜控制在 70 ~ 80mm，水泥砂浆应随拌随用。结构阴阳角处，均应做成圆角，圆弧半径一般阴角为 50mm，阳角为 10mm。 防水层的施工缝需留斜坡阶梯槎，并应依照层次操作顺序连续施工，层层搭接紧密。水池混凝土的强度好坏，养护是重要的一环，底板浇筑完后，在施工池壁时，应注意养护，保持湿润。池壁混凝土浇筑完后，在气温较高或干燥的情况下，过早拆模会引起混凝土收缩，产生裂缝。因此，应继续浇水养护，底板、池壁和池壁灌缝的混凝土的养护期不少于 14d。电气设计除了给射灯配电，还要配上循环水的动力配电。

贵宾接待厅

设计： 温润的玉石，柔软素雅的地毯，细节考究的实木家具，简练舒适的素色沙发，并点缀中式工艺精湛的瓷器、漆器及花艺等软装艺术品，独具匠心地缔造出优雅精美的办公空间。

材料： 地面铺设纯手工艺术地毯，墙面饰纯织布挂毯、黑胡桃木装饰，顶棚定制石膏花，轻钢龙骨石膏板吊顶。

技术分析： 地毯铺装对基层地面的要求较高，地面必须平整、洁净，含水率不得大于 8%，并已安装好踢脚板，踢脚板下沿至地面间隙应比地毯厚度大 2 ~ 3mm。接缝是影响铺装卷式地毯的重要工序，接缝前应在地毯背面注明经线方向，以避免接缝处绒毛倒绒。纯毛地毯一般用针缝结实，缝时将地毯背面对齐，用线缝结实后刷地毯胶、贴接缝纸，麻布衬底的化纤地毯，一般用地毯胶粘，接缝处的修理很重要。

地毯铺设工艺：

施 工 程 序 固定粘结是铺装地毯的重要方法，其规范程序为：基层地面处理→实量放线→裁割地毯→刮胶晾置→铺设辊压→清理。固定粘结地毯技术性要求虽然比倒刺板要求低，但也需按规范程序施工。

贵宾接待厅

技术工序控制点 采用粘结式铺装地毯的房间往往不安踢脚板，如果安装，也是在地毯铺装后安装，地毯与墙根直接交界。因此，地毯下料必须十分准确，在铺装前必须进行实量，测量墙角是否规方，准确记录各角角度。裁割地毯时应沿地毯经纱裁割，只割断纬纱，不割经纱，对于有背衬的地毯，应从正面分开绒毛，找出经纱、纬纱后裁割。地毯刮胶应使用专用的 V 形齿抹子，以保证涂胶均匀，刮胶次序为先从拼缝位置开始，然后刮边缘。刮胶后晾置时间对粘结质量至关重要，一般应晾置 5 ~ 10min，具体时间依胶的品种、地面密实情况和环境条件而定，以触摸表面干而粘时随装最好。地毯铺装应从拼缝处开始，再向两边展开，不须拼缝时应从中间开始向周边铺装。铺装时用撑子把地毯从中部向墙边拉直，铺平后立即用毡辘压实。

地毯铺装的验收 无论采用何种地毯铺装方法，地毯铺装后都要求表面平整、洁净，无松弛、起鼓、裙皱、翘边等现象。接缝处应牢固、严密，无离缝，无明显接槎，无倒绒。颜色、光泽一致，无错花、错格现象。门口及其他收口处应收口顺直而严实，踢脚板下塞边严密、封口平整。地毯铺装出现质量问题，应返工重铺。

地毯铺装常见质量问题及处理方法 地毯铺装常见的质量缺陷有起鼓、褶皱、色泽不一致和地毯松动。起鼓、褶皱：除地毯在铺装前未铺展平外，主要是由铺装时撑子张平松紧不匀及倒刺板中倒刺个别没有抓住所致。如地毯打开时，出现起鼓现象，应将地毯反过来卷一下后，铺展平整。铺装时撑子用力要均匀，张平后立即装入倒刺板，用扁铲敲打，保证所有倒刺都能抓住地毯。色泽不一致：原因除材料的质量不好外，还包括基层表面潮湿或渗水使地毯吸水后变色，以及日光暴晒使地毯表面部分变浅。在购买时要挑选质量好、颜色一致的地毯。使用中要避免地毯着水，易着水的地面不要铺装地毯。应避免日光直照或在有害气体环境中施工，日常使用也应避免阳光直照。地毯位移松动：主要是由倒刺板上的倒刺固定不住所致。应按要求配置倒刺板，并保证倒刺全部抓住地毯。

贵宾接待厅细部图

A1 幢电梯厅

A1 幢电梯厅

设计：背景墙石材远看气势磅礴，近看犹如冬雪中的紫金山巍峨耸立，犹如万佛山之巅，灵动而温馨的空间为欣赏者演绎了一处探寻中国禅意神韵的理想天地。

材料：地面高端蓝金砂、皇家蓝石材，墙面墙纸，红木、1.15mm 不锈钢板、顶棚石膏板及暗藏灯带。

技术分析：墙面基层清理后安装镀锌角钢骨架和不锈钢干挂件，然后石材干挂 620mm×900mm 大理石，最后对石材进行防护处理。用专业的开孔设备在瓷板背面精确加工，形成里面大、外面小的锥形圆孔，把锚栓植入孔中，拧入螺杆，锚栓底部完全展开，与锥形孔相吻合，形成一个无应力的凸型结构，通过连接件将瓷板固定在龙骨上。

电梯门套安装工艺：

材料准备：18mm 大芯板，九厘中密度板，1.15mm 不锈钢板。根据电梯门洞口尺寸下料，龙骨采用大芯板切割和面板。分层安装龙骨和面板，把龙骨与墙固定牢。电梯门框上找 2cm 线。在 2200mm 左右边水泥墙上安装间距不大于 500mm 的龙骨 5 处，下部距地面 100mm，上部距顶端 200mm。中间均匀分布，间距 ≤ 500mm；上部两处，安装面板，调整好面板的水平度和垂直度，最后把面板固定。

A1 幢电梯厅外过道细部图

餐厅

设计：采取多元化的设计，餐厅布置既趋于现代实用，又吸取传统的特征。在装潢与陈设中融古今中西于一体，如传统的吊灯、餐椅、餐桌，配以现代风格的墙面及门窗装修和埃及的陈设、陶瓷小品等，不拘一格的混合型风格独具匠心，深入推敲形体、色彩、材质等方面的总体构图和视觉效果，融合了庄重与优雅的双重气质。

大理石山水画：“质”指石材内部的化学成分、矿物成分、矿物结晶程度在石材表面的直观反映。石画质地要细腻，具有天然光泽，晶莹透明。一般要求无风化现象、无坑窝等缺陷。

“色”指大理石图案的色彩、色调、色泽。石画的色彩、色调、色泽要鲜明，平淡则无奇。色乃石画之生命，无色彩之变化，石画则缺乏动人心弦的力量。石画色大体有白、灰、杂色；“形”意指形象，图案的形象要逼真、写意，能传神，表达一定的主题，渲染一定的艺术意境。

“奇”指要不同凡响、超出平常，具有独有的特征，给人新颖、奇特的感觉；“神”指石画内在的灵魂、气韵，神态要有生机、灵气，不呆板、不俗气，能传达出石画内在的蕴含，呼之欲出，云皆如游龙，

餐厅

水皆如潮涌，意境深远却又达意，令人如痴如醉，使人心驰神动，让人拍案叫绝；“韵”指线条、纹路的节奏韵律。石画图案的色调浓、淡适宜，线条的虚、实、疏、密协调，不杂乱无章。画面纹彩协调、有韵致、意味深长、内涵丰富、引人入胜、发人深省。

材料：地面纯手工定制艺术地毯、木饰面造型墙面、顶棚石膏板跌级吊顶暗藏灯槽、定制高端大理石山水画、艺术吊灯、小叶紫檀餐桌和餐椅。

地毯施工工艺：

地面基层采用 40mm 厚水泥砂浆找平，后铺上防潮地毯；倒刺板卡条铺装是成卷地毯铺装的主要方法，规范程序为：基层清扫处理→地毯裁割→钉倒刺板→铺垫层→接缝→张平→固定地毯→收边→修理地毯面→清扫。

书房

设计：书房秉持自然、舒适、放松的生活理念，散发浓浓的书香气息。室内空间以黑胡桃木饰面及线条和暖蓝色纤维布硬包相结合，装饰墙面以暖色调为主，简单大气的实木书桌、茶几等平面布局的通透使有限的空间得以延伸，天圆地方、方圆结合的独到设计，将中华经典文化演绎成一种优雅的平衡姿态；含蓄考究的家具，不乏令人踏实的温厚之感，亦体现出主人不俗的生活品位。

材料：黑胡桃木饰面及线条、暖蓝色纤维布硬包、深浅相交实木地板、实木原木办公台、古典茶几和座椅、天蓝色落地窗帘。

施工工艺：顶棚轻钢龙骨跌级吊顶，墙面机理漆，实木线条框架，墙面地脚线实木线收边，地面地毯及复合木地板。

书房细部

书房

太原恒大华府首期住宅楼装饰工程

项目地点

山西省太原市小店区太原恒大华府

工程规模

建筑面积 32883.6m^2，工程造价 8738.23 万元

建设单位

太原俊景房地产开发有限公司

获奖情况

2015 年山西省建筑工程装饰奖
2015-2016 年度全国建筑工程装饰奖

社会评价及使用效果

恒大华府是恒大地产集团推出的巅峰系顶级豪宅产品，以国际化的全球视野精心打造国际级别的高端物业社区。据守晋阳街和体育南路交汇的黄金位置，畅达通途，融亲贤、长风两大商业街，汇集众多名校，拥有新南站和山大医院等多重优质资源

太原恒大华府外景

设计特点

项目采用两种西式装修风格。

巴洛克风格：巴洛克风格的装修色彩富丽，采用花样繁多的装饰，做大面积的雕刻、金箔贴面、描金涂漆处理，巴洛克风格装修在色彩的处理和运用上，虽然丰富，但是合理，相得益彰，互相衬托，视觉上不会杂乱无章。通常所理解的欧式装修风格其实就是继承了巴洛克风格中豪华、动感、多变的视觉效果。以曲线、弧面为特点，如华丽的破山墙、涡卷饰、人像柱、深深的石膏线，还有扭曲的旋制件、翻转的雕塑，突出喷泉、水池等动感因素，表达巴洛克对弧线的钟爱。

罗马帝国风格：罗马帝国风格以豪华、壮丽为特色，券柱式造型是古罗马人的创造，两柱之间是一个券洞，形成一种券与柱大胆结合的装饰性柱式，成为西方室内装饰的鲜明特征。古罗马文化受古希腊文化的影响，在此基础上又有所创新，运用柱式与拱券相结合的方法，使建筑空间更加丰富。柱子及柱头的造型式样，比希腊的柱身及柱头更加丰富。建筑的基本原则是“讲求规例、配置、匀称、均衡、合宜以及经济”，这可以说是对古罗马建筑特点及其艺术风格的一种理论总结。

门厅正立面

门厅至客厅立面

分功能空间介绍

巴洛克风格门厅

设计：巴洛克风格特别注重家具及小型饰品的设置，门厅进户门正对陶瓷锦砖造型，造型两侧配饰银镜和精巧的铜艺桌面，给人以十足的豪华复古感，顶棚与地面方形造型相互映衬，能更好地拉伸空间感和立体感。

材料：地面石材采用闪电米黄、路易米黄、黑金花石材拼合组成；墙面干挂路易米黄石材及石材陶瓷锦砖装饰；吊顶采用轻钢龙骨双层 9.5mm 石膏板，造型采用成品石膏线条安装，面刷乳胶漆。

墙面拼花陶瓷锦砖施工工艺：墙面拼花陶瓷锦砖按照不同户型尺寸工厂定做，陶瓷锦砖面层对花铺贴。

工具、材料 填缝剂、齿形刮板、填缝工具、水盆、清水、清洁布。

板 块 编 号 按照厂家发货的底纹图样，对进场陶瓷锦砖在地面上预铺设进行编号。

拌匀填缝剂 将粉料倒入装有水的拌料桶，粉料与清水按照比例调配，充分搅拌均匀（基面越平整，浆料用量越少）。

基 层 处 理 将基层上松散和空鼓的混凝土、杂物等清理干净，用 1 ：3 的水泥砂浆打底，底层拍实，用刮尺刮平，木抹刀搓粗，阴阳角必须垂直，面层平整。用齿形刮板将膏状物体均匀地涂抹于工作面上，打好基础，保证墙面的基础平整，并且保证温度介于 5 ~ 39℃。

铺　　贴 按序号把陶瓷锦砖整齐地粘贴在墙面上，均匀用力按压，确保每处都和墙面完整粘合，由于结合层未凝固前具有流动性，陶瓷锦砖贴墙层在自身质量的作用下会有少许下坠，又由于手工操作的误差，在联与联之间的横竖缝易出现误差，铺贴之后，需用木拍板赶缝进行适当调整。

填　　缝 用填缝工具将填缝剂均匀涂在陶瓷锦砖表面，填缝工具要对角移动，先由下到上，再由上至下，确保所有的填缝剂都能够完全填满并且没有多余的残留。

清　　洁 在填缝剂干透之前，大约 20 ~ 25min（所需要时间仅供参考），开始清洁表面时，使用湿热毛巾或者柔软毛巾擦掉陶瓷锦砖表面多余的填缝剂，最后再用毛巾擦表面直至干净为止。

巴洛克风格客厅

设计：客厅背景采用暖色花纹壁纸，与靠背处软包相呼应，顶棚银箔饰面、地面石材边花的肌理强调，上下造型协调一致，豪华、具有宗教特色又有享乐主义色彩，强调张扬个性与动感，具有一定的优雅感及浪漫情怀。

材料：地面采用闪电米黄、玛雅米黄、浅啡网、黑金花石材及玛雅米黄内嵌铜条拼合组成；墙面采用路易米黄石材、木饰面及软包装饰；吊顶采用成品石膏线条安装面贴银箔，并喷涂保护层。

客厅

工艺：顶棚采用一层 9mm 阻燃板加一层 9.5mm 石膏板，造型采用成品石膏线条安装，涂刷银箔专用胶水后面贴银箔，彰显面层肌理效果并喷涂保护层；墙面软包内部放置防火吸声棉和 12mm 密度板内衬板；地面多种石材采用闪电米黄、玛雅米黄、浅啡网、黑金花石材及玛雅米黄内嵌铜条组成拼花湿贴，面层打磨结晶处理。

卫生间

巴洛克风格卫生间

设计：卫生间考虑整体巴洛克风格与实用相结合，色泽整体协调统一，强调综合的艺术形式。

材料：地面石材采用闪电米黄、路易米黄、浅啡网、黑金花石材拼合组成，淋浴间路易米黄酸洗面处理；墙面采用路易米黄石材、黑金花踢脚线；吊顶采用轻钢龙骨 8mm 玻镁板和 9mm 防水石膏板，造型采用成品石膏线条安装，面刷乳胶漆。

工艺：干区地面拼花湿贴，面层打磨结晶处理，淋浴房地面路易米黄石材面酸洗处理，能达到很好的防滑效果；卫生间顶棚面层涂刷采用白色防水乳胶漆；墙面石材、镜框色泽保持 致。

罗马风格门厅

设计：门厅直接采用券拱技术，柱子及柱头的造型式样丰富，入户营造豪华大气之感。

材料：地面采用欧亚米黄、黄玉石、浅啡网、黑金花石材拼合组成；墙面采用金世纪石材、黑金花石材、玻璃陶瓷锦砖；顶棚采用双层 9.5mm 石膏板，造型采用成品石膏线条安装，涂刷金箔专用胶水后面贴金箔，并喷涂保护层。

工艺：入口石材柱体厂家按拼板组合，做工精细，背景墙采用金世纪石材及线条干挂，石材本身“油性 + 水性”两遍六面防护，石材接口严禁现场打磨，挂件处石材增加 100mm × 100mm 石材背条；背景墙墙面铺贴前用 12.7mm × 12.7mm（直径 0.4mm）菱形钢丝网满铺一道，方可铺贴玻璃陶瓷锦砖饰面。

门厅局部图

门厅

客厅

罗马风格餐厅

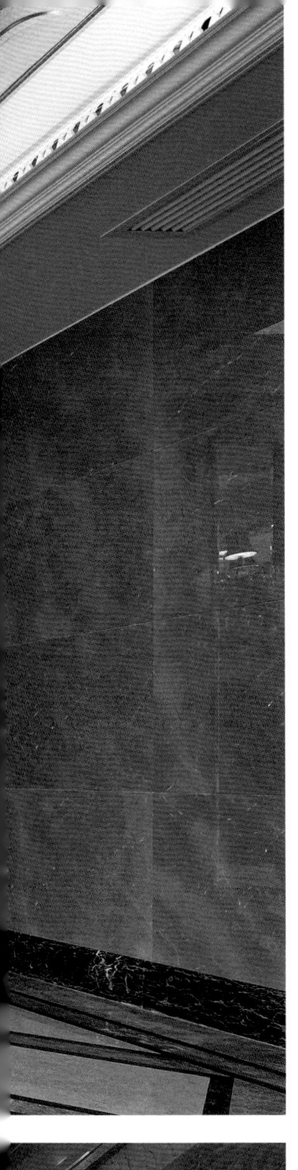

罗马风格客厅

设计：客厅设计力求丰富与细腻，色泽上偏暖金色调，整个空间力求金碧辉煌，墙面背景柱增加对上部的支撑，同时又美化墙面，使建筑空间更加丰富，顶棚金箔造型，表现了华丽的风格。

材料：地面采用欧亚米黄、黄玉石、浅啡网、黑金花石材拼合组成；墙面采用金世纪石材、高档壁布、麦当娜树榴木及黑檀木饰面；吊顶采用成品石膏线条安装面贴金箔，显示面层肌理效果并喷涂保护层。

工艺：地面采用欧亚米黄、黄玉石、浅啡网、黑金花石材拼花湿贴，面层打磨结晶处理。墙面造型边框金世纪石材，内贴高档壁纸；顶棚采用一层 9mm 阻燃夹板，一层 9.5mm 石膏板，造型采用成品石膏线条安装，涂刷金箔专用胶水后面贴香槟金箔，并喷涂保护层。

罗马风格餐厅

设计：餐厅力求体现空间拉伸感与立体感，墙面采用大理石贴面和陶瓷锦砖镶嵌，并用壁画加以装饰，其装饰题材多取自神话故事或日常生活的场景，色彩搭配采用黑色、金色等色彩的组合。

材料：地面石材采用欧亚米黄、黄玉石、浅啡网、黑金花石材拼合组成；墙面采用金世纪石材、黑金花石材、高档壁布、黑檀木饰面、乳化玻璃及玻璃陶瓷锦砖；吊顶采用面贴金箔，并喷涂保护层。

工艺：地面采用欧亚美黄、黄玉石、浅啡网、黑金花石材拼花湿贴，面层打磨结晶处理；背景墙墙面 80mm 宽银镜 + 铜条组合线条，外贴玻璃陶瓷锦砖，内贴壁纸，层次分明，下侧木柜面层采用黑檀木饰面；顶棚采用一层 9mm 玻镁板、一层 9.5mm 石膏板，造型采用成品石膏线条安装，涂刷金箔专用胶水后面贴香槟金箔，并喷涂保护层。

罗马风格主卧

设计：卧室红色实木地板与墙面木饰面整体协调一致，床头背靠采用复古软包装饰，保证舒适的同时有一定吸声效果，整个卧室空间灯光设置为暖色主基调，色彩搭配协调，营造温馨舒适的个人空间。

材料：地面采用木地板；墙面采用高档墙纸、黑檀木饰面及软包背靠；吊顶采用成品石膏线条安装面贴银箔，并喷涂保护层。

床头背景软包工艺	床头背景扪布软包面层 +25mm 防火吸声棉 +12mm 厚 MDF 内衬板，取得较好吸声效果。
材料准备	软包墙面所用的材料，主要有扪布、25mm 防火吸声棉、12mm 厚 MDF 内衬板、帽头钉等。
技术准备	熟悉施工图纸及设计要求，查看现场情况，准备放线用具。

罗马风格主卧

基层处理 在需要做软包的墙面上，按照设计要求的纵横龙骨间距进行弹线，龙骨的间距控制在 400 ~ 600mm。墙、柱面为抹灰基层或临近房间较潮湿时，为防止墙体的潮气使软包基层板底翘曲变形影响装饰质量，应对墙面进行防潮处理。具体做法为，先在基层抹灰 20mm 厚，然后涂刷一层抗碱封闭底漆。

龙骨安装 在基层处理好后进行轻钢龙骨安装固定，间隔 400mm × 600mm，龙骨与墙面的连接应牢固。基层板采用 12mm 厚 MDF 内衬板，用自攻螺钉固定于轻钢龙骨上。

软包板块制作 根据软包的设计范围，先将 9mm 夹板（为加工衬板使用）预铺在基层底板上，并用钢排钉简单固定。按照图纸划分分块，用墨斗在衬板上弹线，并将弹线后的衬板根据分割线进行编号。

将固定在基层底板上的衬板取下，根据弹线位置将大块衬板裁割成小块软包衬板，并将衬板毛刺处理干净，然后在衬板的另一面进行编号。

根据基层底板的软包编号，将对应编号的单块衬板按照图纸试铺在基层底板上，检查尺寸位置是否精确，若有偏差需重新调整修理，达到要求后按照顺序拆下衬板。

按照衬板尺寸对软包的填充料防火吸声棉裁剪下料，四周必须裁剪整齐，与衬板线条边平齐，防火吸声棉的高度高出线条 2mm，用环保型胶粘剂平整地粘贴在衬板上。

根据设计图纸的要求，进行面料计算，保证在同一空间内使用同一批材料，下料尺寸每边比衬板尺寸多放出 50 ~ 60mm，用码钉枪固定在衬板上。

软包板块固定 将制作完成的软包用枪钉固定在基层底板上，并对局部细微处进行检查修整，保证饰面拼接严密、整齐。

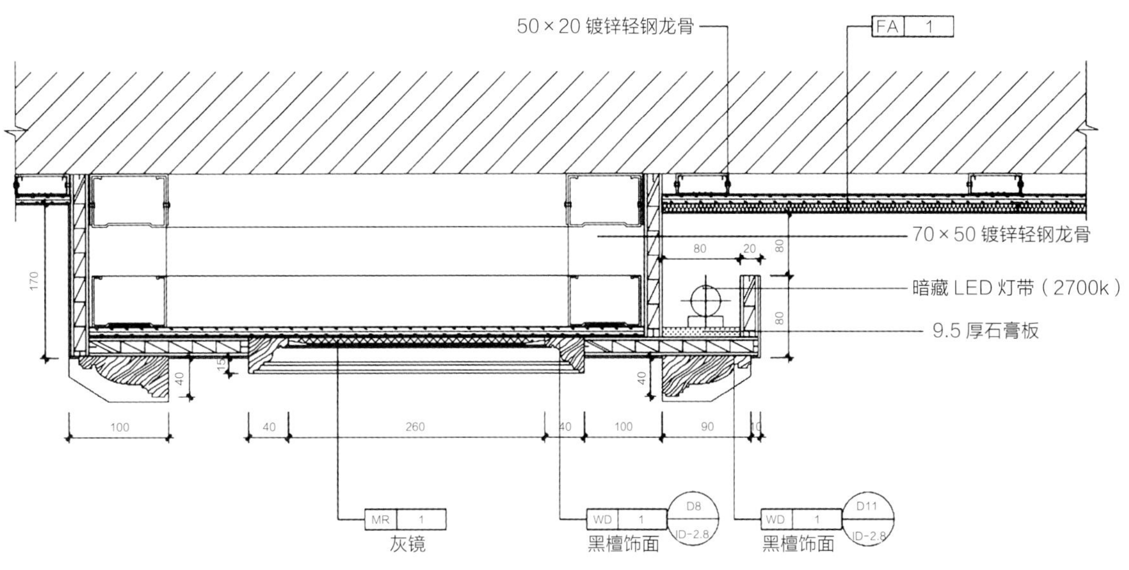

主卧背景剖面图

广东湛江第十四届省运会主场馆幕墙工程

项目地点

湛江市坡头区海湾大桥桥头以北，用地东至柏西路、南至东城西路、西至文化路、北至金湾南路

工程规模

工程幕墙总面积约 7 万平方米，工程造价约 1 亿元

建设单位

湛江市体育局、湛江市代建项目管理局

社会评价及使用效果

广东省第十四届省运会主场馆不仅圆满地举行了体育赛事，也使湛江市全民健身事业蓬勃发展，而建筑本身更是湛江市一座标志性建筑

第十四届省运会主场馆外景

主体育场

设计特点

广东省第十四届省运会主场馆工程主要由主体育场、体育馆、游泳跳水馆、综合球类馆及配套工程五部分组成。它结合湛江海湾城市的地理位置和南方建筑轻透的特质，整体设计贯穿“飘带”主题，凸显了如海湾一般自然流畅的规划，并结合主要广场及平台，形成面向海湾的城市形象。主体育场以“海之贝”为理念，“海螺”为母体，建筑形体简洁、纯净。主体育馆、综合球类馆和游泳跳水馆三馆串联，形如三片白色的贝壳，自由散落于沙滩之上。

一场三馆均由钢结构组件相互支撑，形成网格状的构架，外立面以透明的膜材料、镂空铝格栅或中空玻璃覆盖。幕墙主要包括横明竖隐钢铝组合玻璃幕墙系统、框架式横明竖隐斜玻璃幕墙系统、铝合金门窗、铝合金百叶、铝合金遮阳格栅、有框地弹门等装饰形式。

工程幕墙分格大，选用的材料是 Low-E 中空玻璃及镂空格栅，它们不仅增加了建筑物的通透性，使室内宽敞明亮，同时也降低了施工成本。电动开启窗可确保公共建筑在较高位置自动打开，通风换气，并与消防安全控制系统可靠连接，满足公共建筑消防安全和节能环保要求。精湛的幕墙工艺，全方位满足了现代化的功能需求，营造出时代感与未来感，传递健康、自然的人文态度。

一场三馆幕墙工程

功能空间名称

一场三馆（主体育场、主体育馆、游泳跳水馆、综合球类馆）及配套工程。

主要功能区划分

主体育场设有 4 万个观众席位，第十四届省运会开闭幕式和田径、足球比赛在此举行。主体育馆建筑面积为 2.4 万平方米，设 6000 个观众席位，闭幕式和羽毛球、艺术体操、蹦床等比赛在此举行；游泳跳水馆共设 2000 个观众席位；综合球类馆共设 1000 个观众席位；配套工程为场馆所有赛事及设备服务。

主体育馆、综合球类馆和游泳跳水馆

横明竖隐钢铝组合玻璃幕墙外立面实景

主要材料

骨架材料主要有钢方通、无缝钢管、不锈钢拉索等；面板材料有6Low-E+12A+6mm 钢化中空玻璃、10 Low-E +12A+10mm+2.28PVB+10mm 钢化中空夹胶玻璃、铝格栅等。

技术难点

特点、难点技术分析：工程框架式横明竖隐斜玻璃幕墙系统幕墙分格大，最大分格尺寸为4164mm × 1863mm，玻璃规格是 10Low-E+12A+10mm+2.28PVB+10mm 钢化中空夹胶玻璃，单件玻璃重量达到 580 千克 / 件，该幕墙形式呈 75° 内倾倒，玻璃的吊装是工程的重点和难点。
解决方法及措施：采用电动玻璃吸盘与汽车起重机械相配合的原则来吊装玻璃。选用较为先进的现代化机械设备服务于建筑施工，有利于压缩工期。

横明竖隐钢铝组合玻璃幕墙系统

材料组成：埋件、钢方通、铝型材、6Low-E+12A+6mm 钢化中空玻璃。
工艺流程：测量放线→后置埋件安装→连接件与立柱的安装→横梁安装→玻璃安装→扣盖安装→打胶清理

测量放线 放线校核现场结构及埋件尺寸，并确定主体结构边角尺寸，及早进行立柱、横梁分格尺寸调整。依据建筑物轴线弹设周围定位辅助线，由各定位辅助线按龙骨布置图确定每面边角骨架安装位置，以此按设计图横向分格尺寸在底层确定幕墙定位线和各立柱分格线。用经纬仪核准幕墙底层立柱分格线，然后以底层立柱分格线为基准，放置从底层到顶层的竖向垂直钢丝，再用经纬仪校准后予以固定，以此钢丝作为此面的骨架安装定位控制线。根据建筑物标高，用水准仪在建筑外檐引出水平点，弹出一横向水平线作横向基准线。基准线确定后，以该基准线作为横向骨架安装水平控制线。检测复核各分格轴线，须与主体结构实测数据配合，并对主体结构误差分析、消化。测量放线应在风力不大于 4 级的情况下进行，并采取必要的避风措施。

后置埋件安装 后置埋件采用 Q235B 材质的热镀锌钢板加工而成，埋件的规格尺寸及开孔按照图纸要求设置。 根据图纸及测量结果定出埋件位置后，用冲击钻在混凝土结构上钻孔。用毛刷或风筒将孔清理干净，孔内不得有余灰或积水。将螺杆插入孔中并轻轻旋转，使螺杆与胶充分接触，等胶固化后将锚板罩在混凝土结构面上。将每根螺杆套上 4mm 厚限位钢板、螺母，将锚板固定在正确的位置。

连接件与立柱的安装

连接件安装：根据结构复测确定上端结构、梁最低点标高，放线定出连接件水平、垂直位置，调节相应各处连接件，保证立柱准确安装。立柱安装：立柱的安装标高是确定整幅幕墙最重要的工序，施工精度要求高。立柱的安装快慢决定着整个工程的进度，故作业无论从技术上还是管理上都要分外重视。立柱通过螺栓与连接件连接固定。安装时，将竖骨料按节点图放入两连接件之间，在竖骨料与两侧连接件相接触面粘贴防腐垫片，穿入连接螺栓，并按图示垫入平垫片、弹簧垫片，调平、拧紧螺母。铝立柱之间连接采用芯套连接，完成竖骨料的安装，再进行整体调平。

横梁安装

立柱全部安装完毕后安装横梁，横梁未安装之前，首先将角码插到横梁的两端，将横梁担住。然后用螺栓固定在立柱上。横梁承受玻璃的重压，易产生扭转，因而立柱上的孔位、角码的孔位应采用过盈配合，孔的尺寸比螺杆直径大 0.1 ~ 0.2mm。由于铝合金幕墙热胀冷缩会产生噪声，设计考虑到此因素，在横梁与立柱之间进行热处理，整根横梁尺寸应比分格尺寸短 4 ~ 4.5mm，横梁两端安装 2mm 防噪声隔离片（2mm 缝或打胶处理）。

玻璃安装

施工流程：施工准备→检查验收板块→玻璃板块按层次堆放→安装→调整→固定→装饰扣盖安装→打胶清理。检查：玻璃安装前应检查校对铝合金骨架的垂直度、标高、水平位置是否符合设计要求。安装前，应清洁玻璃及吸盘，根据玻璃重量确定吸盘规模及数量。安装：安装时每组 4 ~ 5 人，将玻璃抬至安装位置，对胶缝，钻孔，上压块（临时固定）。调整：玻璃板块初装完成后就对其进行调整，调整的标准为横平、竖直、面平；横平即龙骨在同一平面内；竖直即胶缝垂直；面平即各玻璃在同一平面内；室外调整完后还要检查板块室内安装质量，各处尺寸是否达

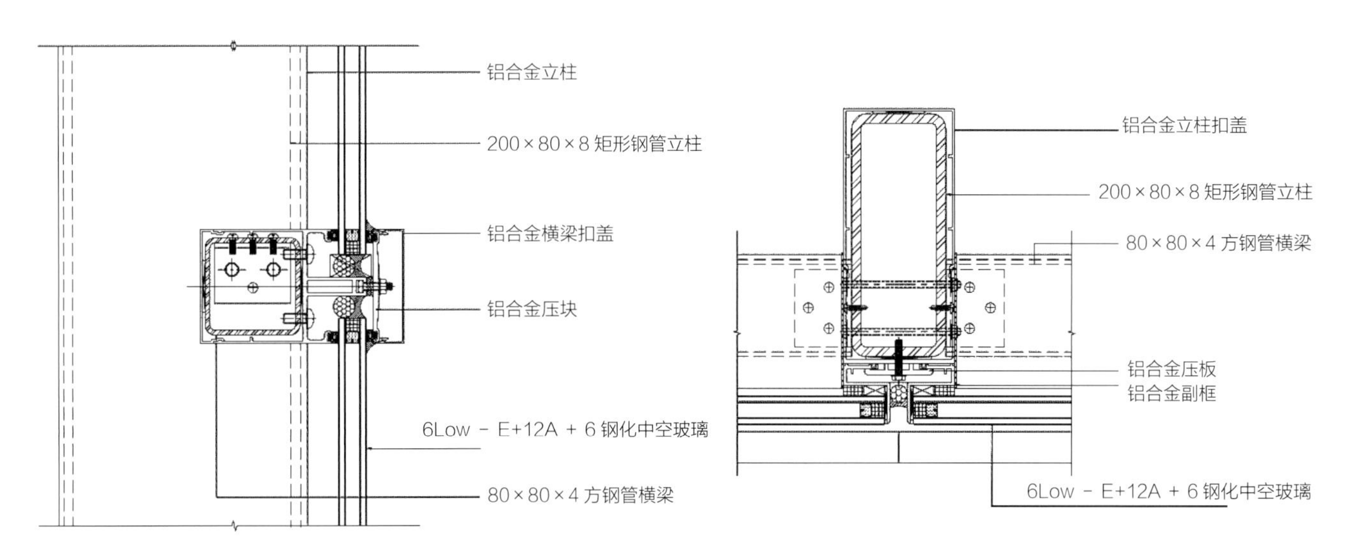

横明竖隐钢铝组合玻璃幕墙竖直剖面图

横明竖隐钢铝组合玻璃幕墙水平剖面图

横明竖隐节点图

到设计要求。玻璃全部调整后，应检查整体立面的平整度。面板固定：玻璃板块调整完成后要马上进行固定，主要是用压块固定；压块的固定方式、间距均按设计要求，上压块时要上正压紧，杜绝松动现象。螺栓固定时，应严格按设计要求或有关规范执行，严禁少装或不装紧固螺栓。先临时固定，然后调整玻璃至正确位置，最后拧紧固定螺栓。扣盖的安装：待玻璃板块全部安装完成，调整固定完成后扣上铝合金装饰条。打胶清理：在玻璃安装调整结束后进行打胶，使玻璃的缝隙密封。打胶顺序是先上后下，先竖向后横向。

框架式横明竖隐斜玻璃幕墙安装工艺

材料组成：钢方通、无缝管、不锈钢拉索、铝型材、10Low-E+12A+10mm+2.28PVB+10mm 钢化中空夹胶玻璃等。

安装工艺：测量放线→桁架吊装→耳板支座安装→安装钢横梁→安装玻璃钢副框→安装竖向拉索→防腐处理→玻璃吊装→装饰条安装→打胶清理

测量放线 具体工艺与横明竖隐钢铝组合玻璃幕墙系统相同。

桁架吊装 准备工作：根据吊装材料的重量及吊装施工作业面，选择相对应性能的起重机械。根据施工方案，计划好吊装材料的进场顺序及规划好堆放场地。起重机械：采用大型起重机械吊装将杆件吊上工作面。在工作面上再根据情况使用千斤顶、卷扬机、捯链等简易吊装工具进行吊装。吊装时对构件的保护：钢桁架具备装饰型构件的特点，对表面成型有一定的要求，吊装时不采用焊接吊耳，用钢丝绳绑扎吊装，吊装时对构件及钢丝绳进行保护，在构件四角做包角（用半圆钢管内夹角钢）以防止钢丝绳割断。钢桁架在吊装前应仔细计算钢梁的重心，并在构件上做出明确的标注，吊装时吊点的选择应保证吊钩与构件的中心线在同一铅垂线上。吊装：钢桁架单件重量大，起吊高度高，现场局部无法使用塔吊，钢梁无法一次吊到位，根据规格，短的钢梁在加工厂分为两截加工制作，长的钢梁在加工厂分为三截制作。在接口处将钢梁的盖腹板打好坡口，焊好垫板，以便工作面上焊接。因为钢桁架是断开的，需要在工作面上将钢桁架焊接为一体，而且钢桁架梁为异形钢梁，有弧度要求，所以在现场焊接时需要做胎架来保证钢梁焊接完成后的弧度能达到要求。做胎架可用钢管架在钢梁安装位置屋面上做，用水平仪找好弧度高度。为了有效地防止钢梁现场焊接后变形，在施焊时，派两名焊工在一个钢梁的两面同时焊接，其他两面先用点焊焊住，等两面焊完后再焊另两面。完全焊完后按规定进行焊缝检测防腐。利用经纬仪和水平仪在屋面上找出钢桁架与主体结构的连接点，用十字线标出钢桁架的上下盖板在主

框架式横明竖隐斜玻璃幕墙外立面实景

体结构上的位置，以方便以后钢桁架跟主体结构连接找点。钢梁焊接完，并且检测合格后，在屋面搭设脚手架，根据钢桁架的长短不同，用 4 ~ 6 个捯链通过脚手架将钢梁拉起，拉到位置，对好十字形标记后，点焊固定。然后将钢桁架与主体结构焊接完成。

耳板支座安装

根据耳板支座施工图的要求，按现场放线定位点安装耳板支座。耳板支座是拉索结构安装的基础，所以要求务必准确。其施工程序如下：按照施工图准备所需的耳板座，并对不同的型号编号以示区别。复核预埋件是否满足要求，对不满足要求的预埋件予以修补，并按照放线位置安装耳板支座。按图纸的分格要求用水准仪、钢卷尺找正耳板支座的安装位置，并临时固定。安装完成一个区域的耳板座后，进行耳板座统调，另一区域的耳板支座安装同时参照第一区域，即沿纵、横位置测量埋件位置的偏差，以矫正耳板支座角度偏差和基准飘移给测量造成的误差。所有检查完成后，焊接固定耳板支座。完成后再次复核钢构件的形位尺寸，纠正耳板支座的偏位和变形，清理焊缝，做好自检和隐蔽验收工作。

安装钢横梁 由于该幕墙的钢横梁跨度较宽而且较重，人工无法完成该项工作。所以在工作区域内的幕墙顶端找出借力支点安装两台电动捯链，由下至上提升钢横梁。将钢横梁移到施工部位后，再用电动捯链将钢横梁的两端平衡提升至水平耳板支座，然后人工稳固。利用水准仪将钢横梁作水平微调节，烧焊连接。钢横梁由下至上安装，连接另一区域时需参照该区域的水平参数，以矫正耳板支座角度偏差和基准飘移给测量造成的误差，使整个幕墙的钢横梁在同一水平面上。

安装玻璃钢副框 钢横梁安装完成后，用水准仪对钢横梁结构的室外立面进行放线，焊接支点，焊接钢副框（即钢方管）。清理焊缝，做好自检和隐蔽验收工作。

安装竖向拉索 用水准仪对钢横梁结构的室内立面进行水平放线，确保拉索的连接扣件在整个幕墙横向水平统一。按照图纸设计的分格要求，用铅垂仪在钢横梁的水平线上做好拉索扣件的垂直标记。点焊连接扣件后安装拉索，调试拉索的整体垂直度后进行加焊连接。清理焊缝，做好自检和隐蔽验收工作。

防腐处理 基面清理：钢结构工程在涂装前先检查钢结构制作，安装是否验收合格。并将需涂装部位的铁锈、焊缝药皮、焊接飞溅物、油污、尘土等杂物清理干净。为保证涂装质量，采用自动喷丸除锈机进行喷丸除锈。该除锈方法是利用压缩空气的压力，连续不断地用钢丸冲击钢构件的表面，把钢材表面的铁锈、油污等杂物清理干净，露出金属钢材本色的一种除锈方法。这种方法效率高，除锈彻底，是比较先进的除锈工艺。涂装：调合油漆，控制油漆的黏度、稠度、稀度，调制时充分搅拌，使油漆色泽、黏度均匀一致。刷第一层油漆时涂刷方向应该一致，接槎整齐。待第一遍干燥后，再刷第二遍，第二遍涂刷方

框架式横明竖隐斜玻璃幕墙内立面实景

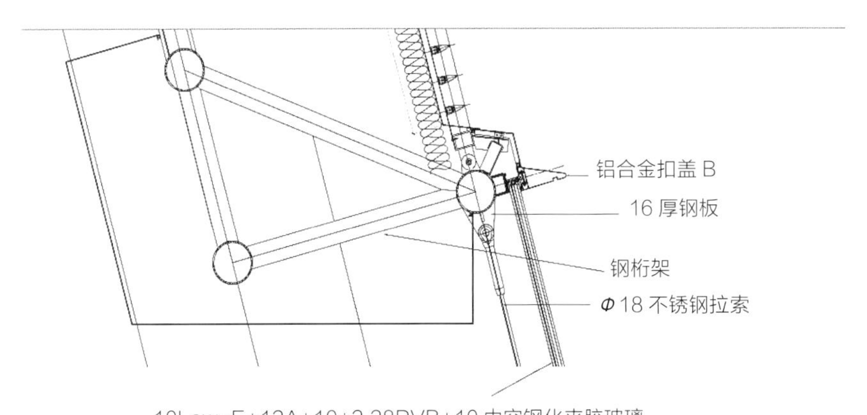

钢桁架节点图

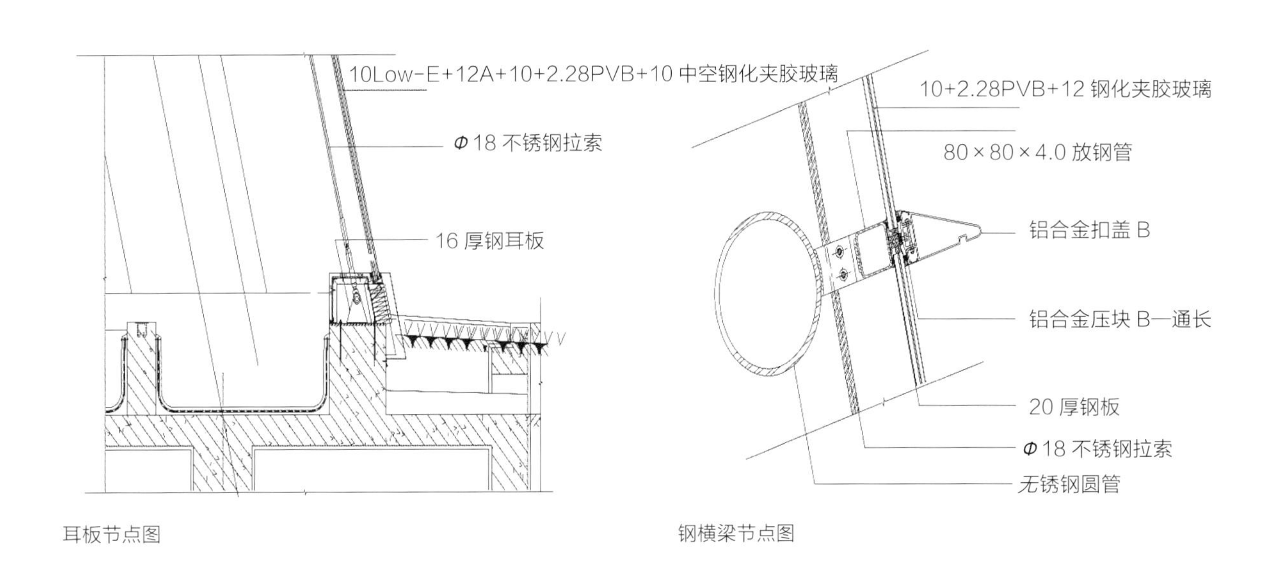

耳板节点图

钢横梁节点图

向与第一遍涂刷方向垂直，这样会使漆膜厚度均匀一致。涂刷完毕后在构件上按原编号标注，重大构件还需要标明重量、重心位置和定位标号。涂层检查与验收：表面涂装施工时和施工后，对涂装过的工件进行保护，防止飞扬尘土和其他杂物。涂装后进行检查，应该涂层颜色一致，色泽鲜明，光亮，不起皱皮，不起疙瘩。涂装漆膜厚度测定：用触点式漆膜测厚仪测定漆膜厚度，漆膜测厚仪一般测定 3 点厚度，取其平均值。成品保护：钢构件涂装后加以临时围护隔离，防止踏踩、损伤涂层。钢构件涂装后，在 4h 之内遇有大风或下雨时，则加以覆盖，防止粘染尘土和水汽，影响涂层的附着力。涂装后的钢构件勿接触酸类液体，防止损伤涂层。

安装玻璃（吊装） 大板块玻璃的安装：玻璃先上后下逐层安装并调整。垂直运输，采用在脚手架上临时搭设的简易龙门吊，使用汽车起重机械及尼龙包装带垂直提升到安装平台上，以人工方法将玻璃嵌入铝合金框架的镶嵌槽内，用螺栓初步固定后，进行检查、调整、校正后再正式注胶固定。钢化玻璃起吊前先预吊，离地 50mm 时检查无误后才能继续起吊。普通玻璃的吊装：玻璃到达施工现场后，检查玻璃的表面质量是否刮花、规格尺寸等。玻璃先上后下逐层安装并调整。垂直运输，采用在脚手架上临时搭设的简易龙门吊，使用电动捯链及尼龙包装带垂直提升到安装平台上以人工方法将玻璃嵌入铝合金框架的镶嵌槽内后，用螺栓初步固定后，进行检查、调整、校正后再正式注胶固定。

装饰条安装 待面板安装完毕后，通过螺栓与铝合金底座牢固连接。

打胶清理 具体工艺与横明竖隐钢铝组合玻璃幕墙系统相同。这两种款式幕墙为整个工程的主要装饰形式，幕墙利用玻璃板块拼接而成，局部加以遮阳格栅装饰达到遮阳效果，顶部安装铝合金防水百叶。

深圳基金大厦幕墙工程

项目地点

位于深圳市福田 CBD 金融中心区，深南中路与益田路交汇处，东临市民中心广场，南靠深南大道，与深圳证券交易所大楼毗邻而居

工程规模

塔楼双层单元式幕墙约计 23000m^2，塔楼花园层构件式幕墙约 19000m^2，裙楼拉索玻璃幕墙约 2400m^2，裙楼干挂石材幕墙等约 13000m^2

建设单位

南方基金管理有限公司、博时基金管理有限公司

获奖情况

LEED 认证金奖及国家绿色三星认证
2019-2020 年度中国建筑工程装饰奖

社会评价及使用效果

深圳基金大厦外墙采用双层单元式幕墙，节能降噪效果明显。塔楼中间部位间隔采用空中花园布局，设置绿化空间和悬挑阳台，优化了超高层办公楼工作环境和舒适度。外墙安装采用多项先进施工技术，高质量、高标准地完成施工任务，得到了设计单位、监理单位和建设单位的一致好评，取得了显著的社会效益

基金大厦幕墙工程外景

设计特点

深圳基金大厦建设用地面积 7260m^2，地上部分建筑面积 80500m^2。基金大厦为超高层建筑，建筑最大标高 199.85m，地上 42 层，地下 4 层。其中裙楼 4 层，塔楼空中花园层分上、中、下三段共 15 层，空中花园层把标准层分成四段，共 23 层，塔楼标准层全部采用双层单元式玻璃幕墙，双层单元式玻璃幕墙中间配有遮阳电动卷帘，室内有内开内倒窗开启通风，确保整个建筑的节能和静音效果，提高办公环境的舒适性。空中花园全部采用绿化布置，有一种空中亭台楼阁之感，是超高层建筑中难得的休闲场所。

基金大厦双层单元式幕墙工程是目前国内最先进、最复杂和最有特色的超高层幕墙工程，在这项复杂工程设计和施工的过程中，为完善双层单元式幕墙系统遮阳、节能和通风，加快双层单元式幕墙施工进度和安装的可靠性，进行了大胆的深化设计和技术创新，前后共开发了 7 项专利技术并获得专利证书。

双层单元式玻璃幕墙系统

双层单元式玻璃幕墙特点

单元体中间通风腔体宽度约 246mm，电动百叶卷帘位于双层通风空腔内，外玻璃面板为 12mm+2.28PVB+12mm 钢化夹胶超白玻璃，规格尺寸 2600mm×4000mm；水平通风百叶 500mm 高；每 2600mm 宽度幕墙作为一个箱体单元板块，内玻璃面板尺寸 1300mm×2000mm，层间为 3mm 厚铝单板 + 保温棉，室内落地窗为钢化中空玻璃。防坠保护由作为外玻璃面板的夹层安全玻璃提供。遮阳百叶卷帘置于双层单元体通风内腔，即使是在恶劣气候条件下仍能保证百叶卷帘正常使用。为保证室内通风换气，内层玻璃上部分设置为内开内倒窗；为方便落地玻璃的清洗，内层玻璃下部分落地玻璃设置为平开窗，平时执手可拆卸，内层玻璃选用 8mm（双银 Low-E）+12A+8mm 中空钢化高透双银 Low-E 超白玻璃，Low-E 涂层在第二面（室外）。双层单元体幕墙铝型材材质采用 6063-T5 和 6063-T6, 非可视表面阳极氧化处理，室内、室外可视表面采用氟碳喷涂处理。

室内内开内倒窗和平开窗

双层单元体幕墙室内侧上部为平开内倒窗，采用进口多点锁，主要用于室内通风换气；下部设置为平开窗，执手为可拆卸，主要用于双层单元体玻璃幕墙内部玻璃的清洗。

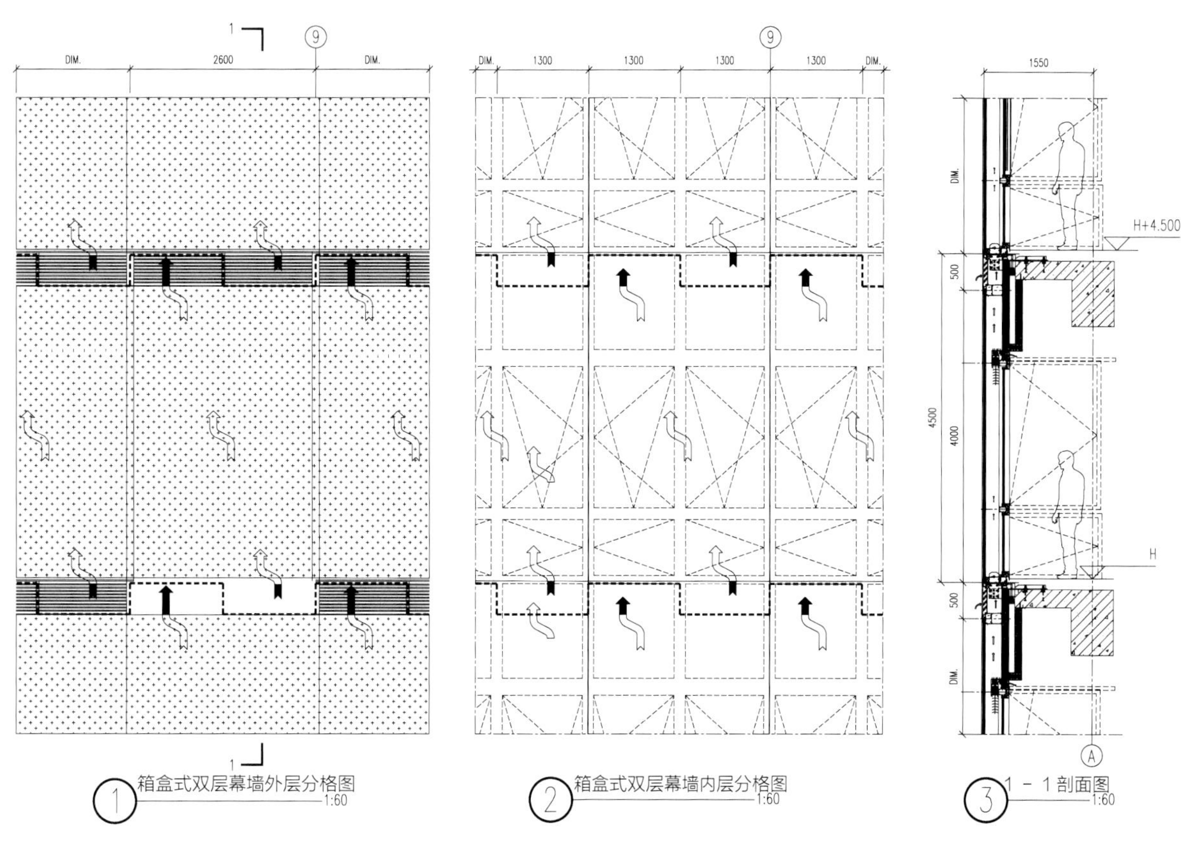

双层单元体玻璃幕墙通风调节流程示意图

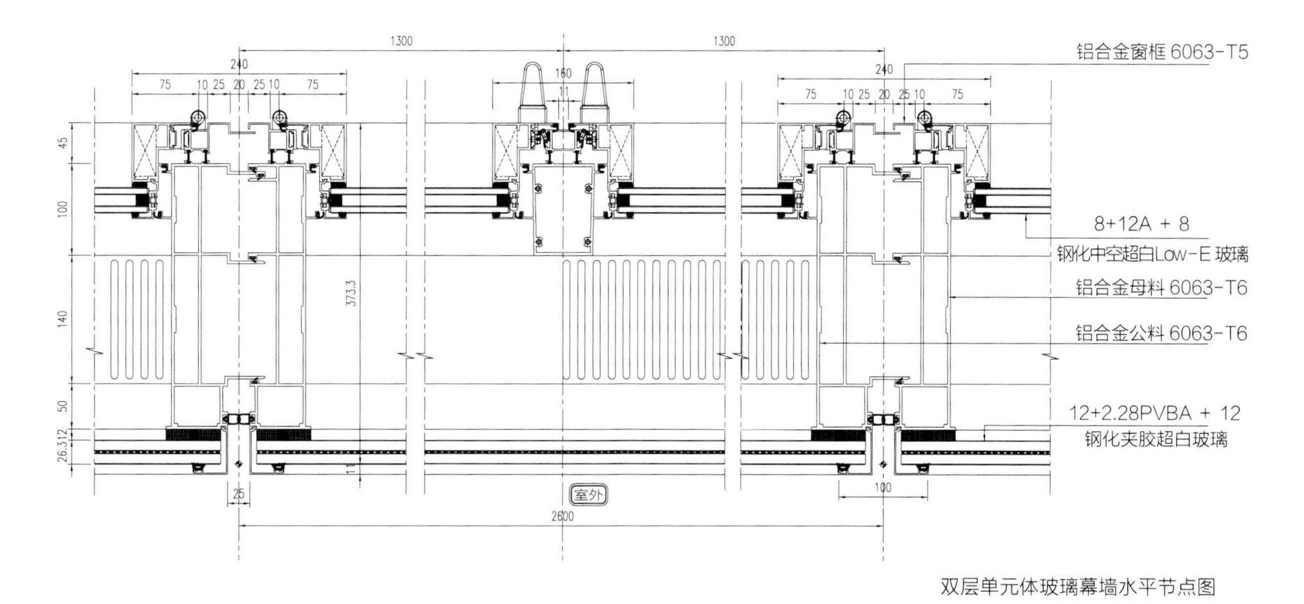

双层单元体玻璃幕墙水平节点图

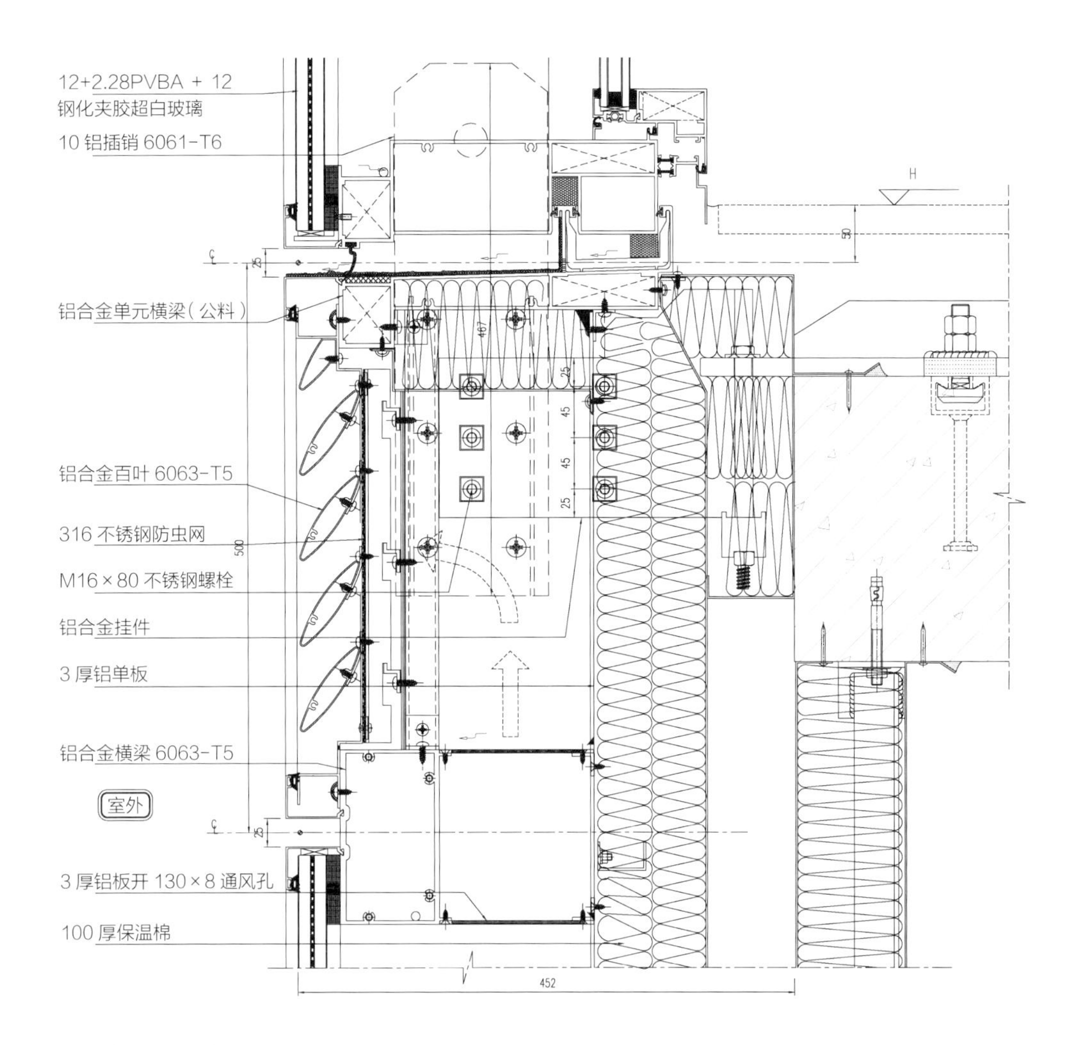

双层单元体玻璃幕竖剖节点图

项目所选用的内开内倒窗型尺寸较大，重量较重，为保证安全性，考虑到组装、安装加工、现场施工等不可避免的误差，五金配件必须满足窗实际尺寸及承重需要。所选用五金配件均为原装进口产品。

平开窗锁具为多点锁系统，锁点与传动杆为套装连接，避免螺钉连接，保证门窗具有良好的密封性和完整性。锁点等带有聚氨酯帽，可降低噪声，避免五金与型材相互磨损，延长使用寿命。

内层遮阳卷帘系统

智能电动遮阳百叶，铝合金牌号ENAW-5754，厚度0.45mm，开孔率6%，浅银灰色，选用优质电机，室内无线遥控。遮阳卷帘开启大小可以调整室内光线明亮程度，同时可调整页片开启角度方向，保证室内光线达到舒适度要求。

双层单元式幕墙施工工艺

施工工艺技术分析

基金大厦双层单元式幕墙板块因为板块分格尺寸大，分别为4500mm×2600mm和5200mm×2600mm，单个板块重达1.8t，总单元板块数量1848块，建筑总高度199.85m，现场无法采用传统吊装方法，故施工采用专利技术，设计专门吊挂件，保证板块吊装安全可靠，拼装时方便快捷，大大地提高了安装效率。由于基金大厦是双层单元式幕墙标准层同花园层间隔，花园层平面图不规则，有许多部位结构凸出，严重影响超高层双层单元板块的吊装。超高层双层单元板块的吊装过程工期紧、任务重，吊装线路又受到楼层结构限制，施工难度大，需精心选择吊装途径和吊装方法。

施工工艺流程

施工准备→专项施工方案编制及审核→测量放线→预埋件安装和复测→超大型双层单元体玻璃板块竖直方向吊装→超大型双层单元体玻璃板块水平方向吊装→超大型双层单元体玻璃板块的拼装→室内开启窗扇安装→防雷和防火系统安装→板块拼装部位打胶密封→检查验收

施工工艺

测量放线、预埋件安装和复测

测量放线：根据基准轴线及标高点进行。依据幕墙施工图和建筑结构图，根据基准点设立基准控制线，以此将安装控制网格线设在每一个楼层上，再根据各层轴线定出预埋件的中心线，以利于超大型双层单元体玻璃板块的安装。预埋件安装：预埋件是把幕墙立面的荷载转移至主体结构上的主要受力构件。依据测量放线的高度和中心位置，将预埋件安装位置标于模板或钢筋上。预埋件初步设置后，确认无误后点焊，再次校准，然后焊接或绑扎牢固，并与主体结构避雷系统焊接连接，最后完成混凝土浇筑。预埋件复测：模板拆除后，单元玻璃板块安装前，按照施工图和测量放线记录检测预埋件位置，记录预埋件前后、左右和上下偏差尺寸并填表，作为预埋件错位和偏差处理方案的依据。

超大型双层单元玻璃幕墙板块吊装前准备工作

超大型双层单元玻璃板块吊装前环形轨道布置：根据工程特点，预先在花园层10层、21层、32层及43层搭设钢支撑环形轨道，用于各施工段塔楼单元体板块吊装。钢支撑环形轨道由钢架支撑，直接固定于10层、21层、32层、43层结构周围上方，使环形轨道高出单元板块挂装距离，给吊装留出适当距离，方可顺利完成吊装。超大型双层单元玻璃板块吊装前的堆放：依据施工作业区、材料堆放区、临时堆场相对独立的原则进行施工平面布置。双层单元玻璃板块运到工地前，就需对施工现场做好堆放规划。双层单元玻璃板块加工完成后，需放在专为其加工的钢架上，方便单元玻璃板块搬运、运输、吊装和堆放。单元玻璃板块在楼层内应摆放整齐，板块编码应朝外，每个堆放点板块不能超过 4 块，以免钢架受力太大变形或挤压单元玻璃板块而造成损坏。等单元玻璃板块安装完成后，固定钢架应妥善保存，集中装车送回加工厂，循环使用。超大型双层单元玻璃板块水平搬运：通过叉车将超大型双层单元玻璃板块水平搬运至吊装位置，搬运时用叉车的货叉穿过水平专用搬运钢架的套管，超大型双层单元玻璃板块放在水平搬运钢架上，并将双层单元玻璃板块与水平搬运钢架用尼龙绳捆绑好，搬运时，叉车司机先上升叉车货叉，将双层单元玻璃板块提起，搬离堆放位置。开动叉车离开堆放区，再把双层单元玻璃板块位置调低，使单元板块重心下降，以免快速行驶时，双层单元玻璃板块失稳而导致安全事故。超大型双层单元玻璃板块的吊装：吊装前，将双层单元玻璃板块清理干净。接着，将吊钩挂在超大型双层单元玻璃板块上部两边的铝合金挂件上，并上紧防松脱保险装置。然后安装好超大型双层单元玻璃板块下部两边的导引绳，防止双层单元玻璃板块在吊装时晃动和控制吊装前进路线。控制塔楼上起重吊车运转，控制超大型双层单元玻璃板块缓慢起吊、拉升。当超大型双层单元玻璃板块吊装到安装楼层时，缓慢下落至安装部位。超大型双层单元玻璃板块垂直吊装到安装楼层时，控制起重吊车停止垂直方向上吊装，把大型双层单元玻璃板块拉到靠近楼层，将水平横向移动的吊钩挂在双层单元玻璃板块上面的挂架上，并检查锁紧装置，检查完毕，将垂直吊装的挂钩松开，双层单元玻璃板块的重量变成由横向轨道上面的吊车承重。同时，将水平横向移动的第二个吊钩挂在双层单元玻璃板块上面的挂架上，主要是增大安全保险作用，并检查锁紧装置，检查完毕，控制环形轨道上面的吊车，水平移动双层单元玻璃板块，直到准确的安装位置。超大型双层单元玻璃板块的安装就位：双层单元玻璃板块吊装到位后，需对板块进行插接、就位、调整，完成安装。单元板块吊装到安装位置时，先进行左右插接。左右板块插接时，安装间隙采用一块标准的铝合金板件放在左、右板块中间，以便控制左、右板块间距。同时，让安装的双层单元玻璃板块左、右立柱对准下一层已安装好的板块，确保上、下单元板块的铝合金插件正好插接，才能让吊装单元板块下行就位。在进行下行就位安装时，采用经纬仪标高测量，确保双层单元玻璃板块安装标高跟施工图控制标高一致。

超大型双层单元玻璃板块封装密封

超大型双层单元玻璃板块安装到位后，在单元板块四角拼装部位，需进行安全可靠的密封防水，在靠近室内侧安装铝合金集水槽，四周打胶密封。在双层单元体外侧，安装铝合金密封件，并在四周打胶密封。

超大型双层单元玻璃板块室内开启窗安装

超大型双层单元玻璃板块安装完成后，准备安装内开内倒 + 平开室内开启扇，室内开启扇先通过人货梯送到各安装楼层堆放好。安装前，工人将开启窗扇移到安装位置附近，架好移动安装架，先在双层单元玻璃板块框架上安装好开启扇五金配件，然后安装小组抬起开启扇到安装位置，将合页的插销插入双层单元玻璃板块框架上合页内，并拧紧紧固螺栓。安装完后需检查开启扇的开启灵活性，调整开启窗扇到最佳使用状态。

防雷和防火系统安装

防雷系统安装：按图纸设计要求先逐个完成幕墙自身防雷网的焊接，焊缝应及时敲掉焊渣，冷却后涂刷防锈漆。焊缝应饱满，焊接牢固，不允许漏焊或随意移动变更防雷节点位置。每一个单元玻璃板块都需要与防雷系统用铜导线连接，保证导电线路连接畅通，安全可靠。防火系统安装：先在单元玻璃板块四周外侧安装 1.5mm 厚镀锌薄钢板，将防火板一侧固定在单元玻璃板块上，用拉钉固定，另一侧用射钉与主体连接固定。在防火板内填塞 100mm 厚的防火岩棉，再在室内侧用 1.5mm 厚镀锌薄钢板封边，防火层所有搭接位置缝隙都需采用防火密封胶进行有效密封。

打胶密封

单元玻璃板块外面四周与干挂石材幕墙相交，胶缝需考虑石材胶缝特点，选用石材专有硅酮耐密封胶，先放入泡沫棒，再打密封胶，密封胶需充满胶缝，粘结牢固，胶缝平整，胶缝外无胶污渍。打胶表面必须密实、平整。打胶完毕后，待密封胶表面干燥后进行渗水试验，合格后，才能进行下道工序。

检查验收

检验批、分部分项和单位工程检查验收，执行《玻璃幕墙工程技术规范》JGJ 102—2003、《玻璃幕墙工程质量检验标准》JGJ/T 139—2001 和《建筑装饰装修工程质量验收标准》GB 50210—2018 等现行规范及标准规定。幕墙的抗风压性能、空气渗透性能、雨水渗漏性能及平面变形性能检测报告，防雷装置测试记录均应符合设计及规范要求。

构件式明框玻璃幕墙系统（花园层）

构件式明框玻璃幕墙系统特点

幕墙系统：在花园层多采用构件式明框玻璃幕墙，带高性能阳光控制涂层的绝缘玻璃（中等遮阳系数），6mm +1.52PVB+6（Low-E）+12A+8mm 夹胶中空钢化双银 Low-E 超白玻璃，Low-E 涂层在

塔楼中部花园层幕墙（三段）

塔楼花园层明框幕墙（室内）

花园层明框幕墙和铝板吊顶

第四面（室外），抗撞击，分格尺寸 1300mm × 3000mm。过梁位置为 3mm 铝单板 + 保温棉，表面氟碳喷涂处理。部分铝合金立柱内套镀锌插芯，为了满足节能要求，立柱、横框与压座之间加上隔热硬胶片，并在室内设置铝合金栏杆。

花园层幕墙特点

塔楼花园层结构造型独特，平面布置复杂，大面积采用构件式幕墙，局部立面采用双层单元式幕墙，凹进部位有铝板吊顶，外露结构柱采用不锈钢包圆柱，阳台有不锈钢立柱安装的点式玻璃扶栏。整个建筑大楼有三段花园层，每段花园层有 5 层，且每个平面层的布置都不一样，并有旋转楼梯连接上下层，幕墙形式也变化多样。上、中、下三段花园层立面虽然凹进凸出、曲折复杂，但三段花园层有一个共同点——上一段花园层是下一段花园层整体旋转 90° 而成。室外阳台型式多种多样，并进行草坪绿化布置，在高楼大厦林立的城市空间中创造了舒适的室外环境。

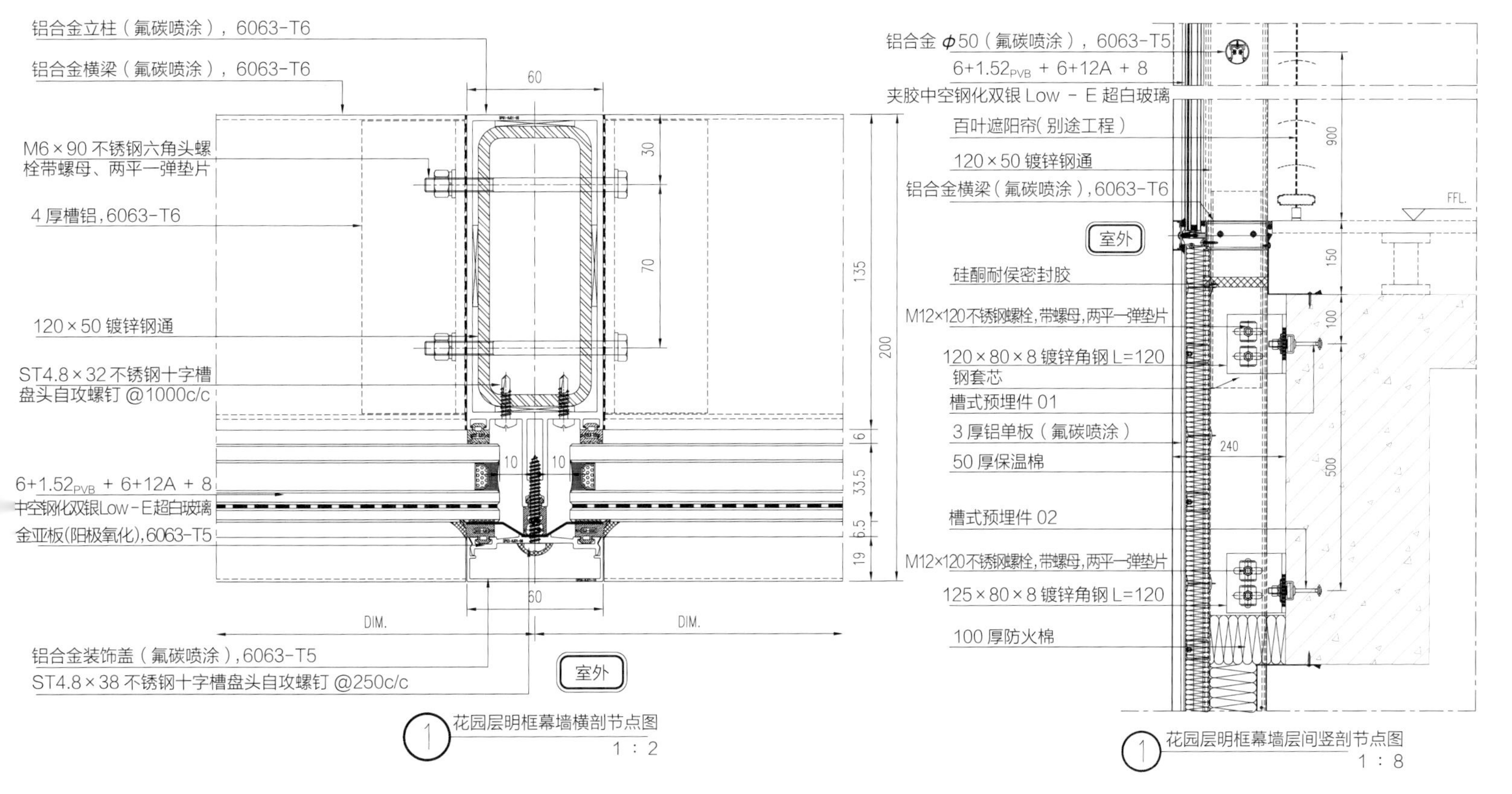

花园层明框幕墙节点图

裙楼拉索幕墙（从室内观察）

裙楼幕墙系统

单层拉索幕墙系统特点

裙楼首层（塔楼底部）采用点支式单索幕墙系统，钢化夹胶玻璃通过不锈钢玻璃夹具固定在不锈钢索上。不锈钢索通过锚具固定在土建结构顶部和底部梁上，从而形成索网结构，索网幕墙最大标高为14.85m。在裙楼 1 ~ 3 层东立面、南立面和西立面全部是拉索幕墙，拉索幕墙外面的结构圆柱采用进口 3mm 不锈钢板包圆柱，整个建筑显得豪华气派，明亮而又稳重。

主要材料配置：玻璃：6mm+1.52PVB+6mm（Low-E）+12A+8mm 夹胶中空钢化双银 Low-E 超白玻璃，Low-E 涂层在第四面（室外）。可见光透射比≥ 53%；传热系数≤ 1.7 W/（m^2 · K）；遮阳系数≤ 0.40；可见光反射比室外≤ 30%。

玻璃夹具：不锈钢玻璃夹具，S.S.316。

拉索：不锈钢拉索，S.S.316。

上、下底连接件：Q235B 钢质连接件，表面氟碳喷涂。

铝型材：非可视表面阳极氧化处理，室内、室外可视表面氟碳喷涂处理。

单层拉索幕墙系统施工工艺

单层拉索幕墙安装施工流程：

测量放线及支承结构的安装→安装连接结构→拉索安装→第一次钢索张拉步骤→玻璃及夹具安装→第二次拉索调整定位→打胶清理

单层拉索幕墙施工工艺

测量放线及支承结构的安装　通过放线测量，在土建结构梁上设悬挂钢索的锚墩，将梁下后补埋件钢板同预埋直筋焊接连接，在梁的侧面加后补埋件加强，采用化学螺栓安装固定，现场施工时应注意安全防护。

安装连接结构　连接钢结构的制作安装，严格按照钢结构的制作及安装规范和要求施工，并要求焊缝规格及焊缝高度符合设计要求。在焊接牢固前，调正调直后，焊接牢固。

拉索安装　用拉索连接耳板连接拉索与混凝土基础梁上的地锚及钢梁上的耳锚，并适度地调节张拉。

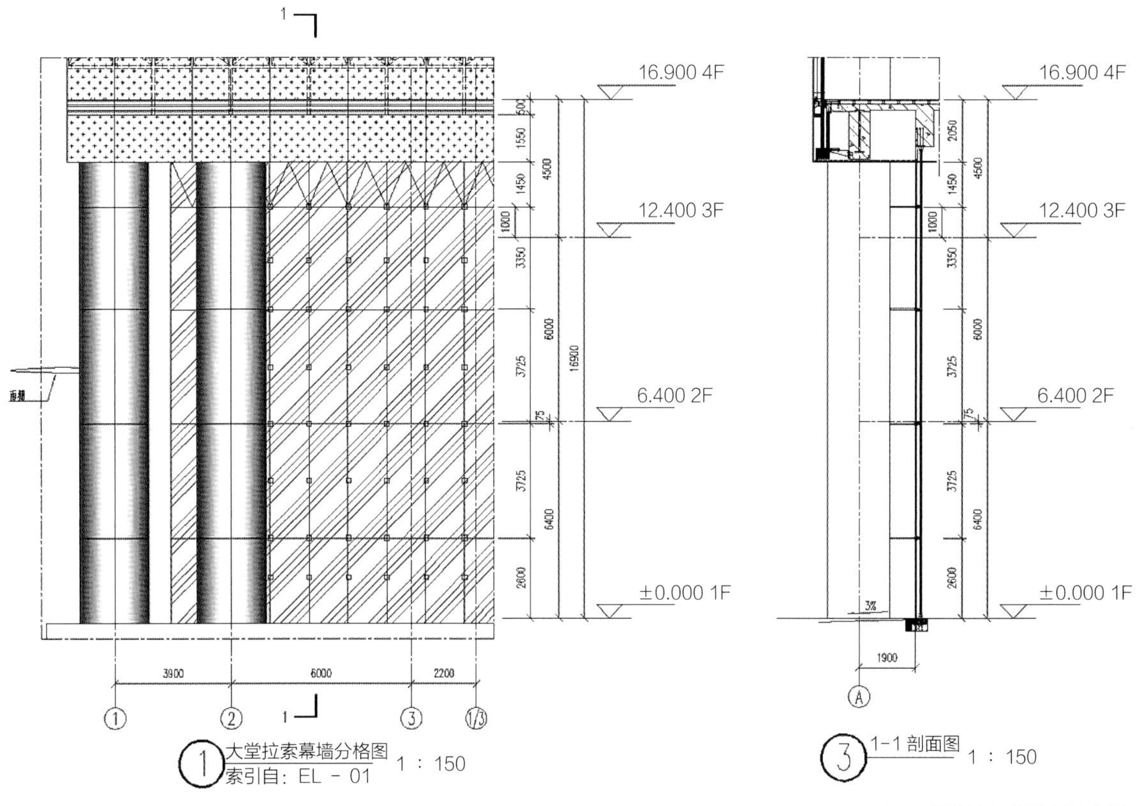

大堂拉索幕墙分格图 1：150
索引自：EL - 01

裙楼拉索幕墙立面大样

第一次钢索张拉步骤 第一循环：按张拉顺序用千斤顶施加张拉力，并调节丝杆，边调节边观察力矩扳手和振动测试仪数据，使钢索预应力达到设计值的 75%。第二循环：按张拉顺序用千斤顶施加张拉力，并调节丝杆，边调节边观察立矩扳手和振动测试仪数据，使钢索预应力达到设计值的 90%。第三循环：按张拉顺序用千斤顶施加张拉力，并调节丝杆，边调节边观察立矩扳手和振动测试仪数据，使钢索预应力达到设计值的 105%。这种轮番张拉完成后，索的形状基本不变，从而使钢爪支座标高的变化量较小。

玻璃及夹具安装 玻璃进场后要按验收程序组织验收。应按设计位置、玻璃尺寸编号，自下而上安装玻璃。玻璃接缝宽度顺直及高低差应符合要求。将玻璃安装在爪件上，同一层次的玻璃安装完成后，进行水平、直线、平面等三个维度的校正，确保安装正确无误。

第二次拉索调整定位 玻璃安装完毕后，由于自重，或多或少地对拉索第一次定位的锁头锁紧带来一些松紧的变化。因此，必须进行拉索的锁紧检查与紧固调节，即第二次拉索调节定位。完成此工序后，才可以进行下一道工序（第二次拉索锁头螺纹调节时尽可能用扭力扳手锁紧，以达到正确的扭力，过紧则损害拉索，过松则影响幕墙）。

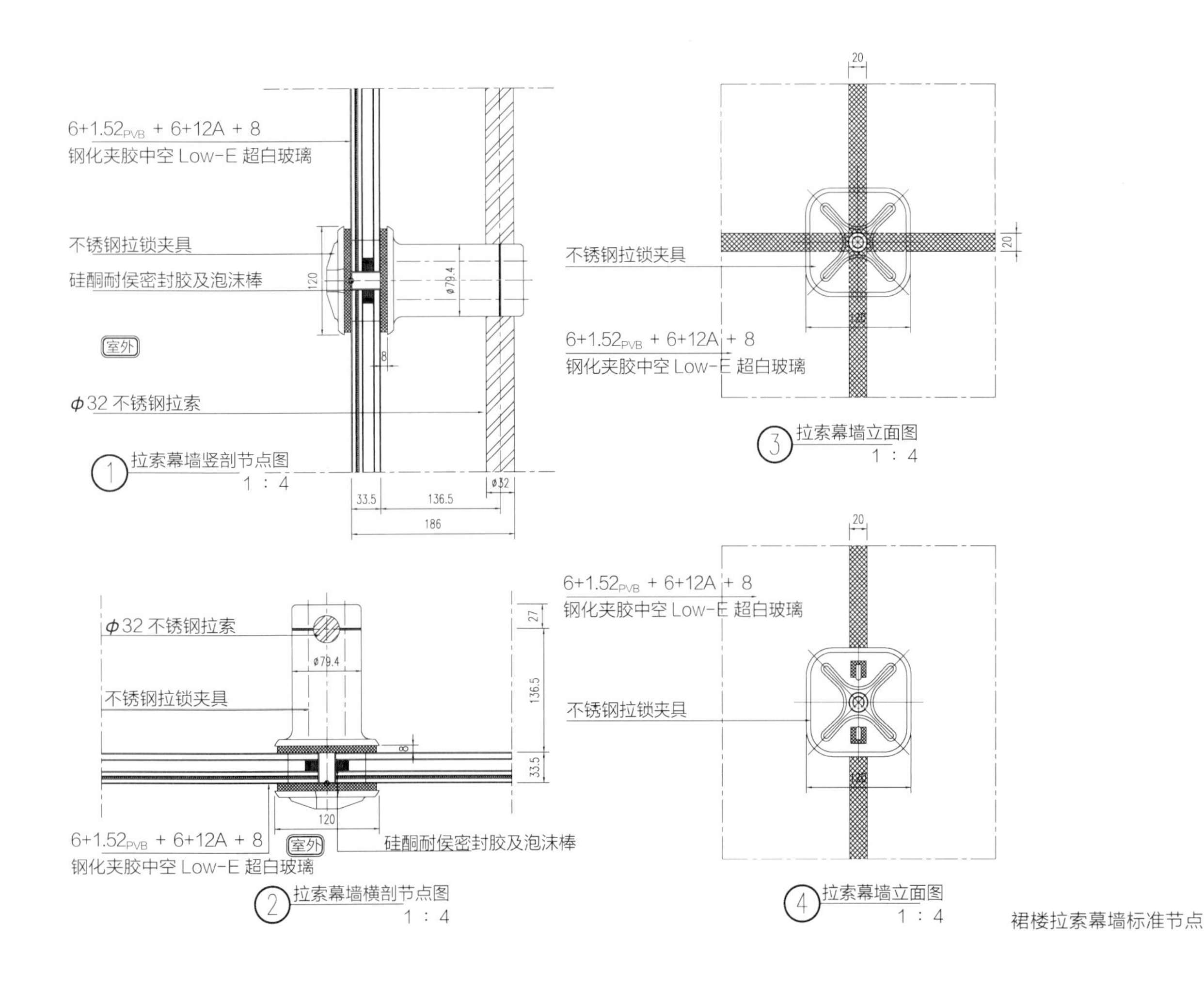

裙楼拉索幕墙标准节点

裙楼干挂石材（百叶）幕墙

打胶清理　在玻璃安装调整结束后，进行打胶，使玻璃的缝隙密封。打胶顺序是先上后下，先竖向后横向。打胶过程中要注意先清洗玻璃，特别是玻璃边部与胶连接处的污迹要清洗擦干，在贴美纹纸后要 24h 之内打胶并及时处理，打好的胶不得有外溢、毛刺等现象。

裙楼干挂石材幕墙系统特点

幕墙系统：裙楼框架干挂石材幕墙，采用不锈钢背栓系统，石材标准分格为 650mm × 1300mm，钢立柱的横向分格为 1300mm，跨度为 6400mm、6000mm、4500mm、5200mm。石材板块通过铝合金挂件固定在角钢横梁上，横梁通过角钢连接件固定在钢立柱上，立柱为简支梁结构或双跨梁结构，横梁与立柱等钢构件与铝合金挂件之间有防腐垫片，以防止不同金属之间产生腐蚀。在裙楼楼梯部位和室内新风换气口，在石材幕墙上增加石材百叶窗，石材百叶两端头通过铝合金转接件固定在龙骨上，标准间距为 100mm，里面有不锈钢防虫网。石材幕墙采用 30mm 厚进口花岗石板，石材百叶采用 50mm 厚花岗石板。

裙楼部分采用灰黑色石材幕墙，颜色庄重肃穆，增加了幕墙的装饰功能，体现了石材幕墙的厚重感。

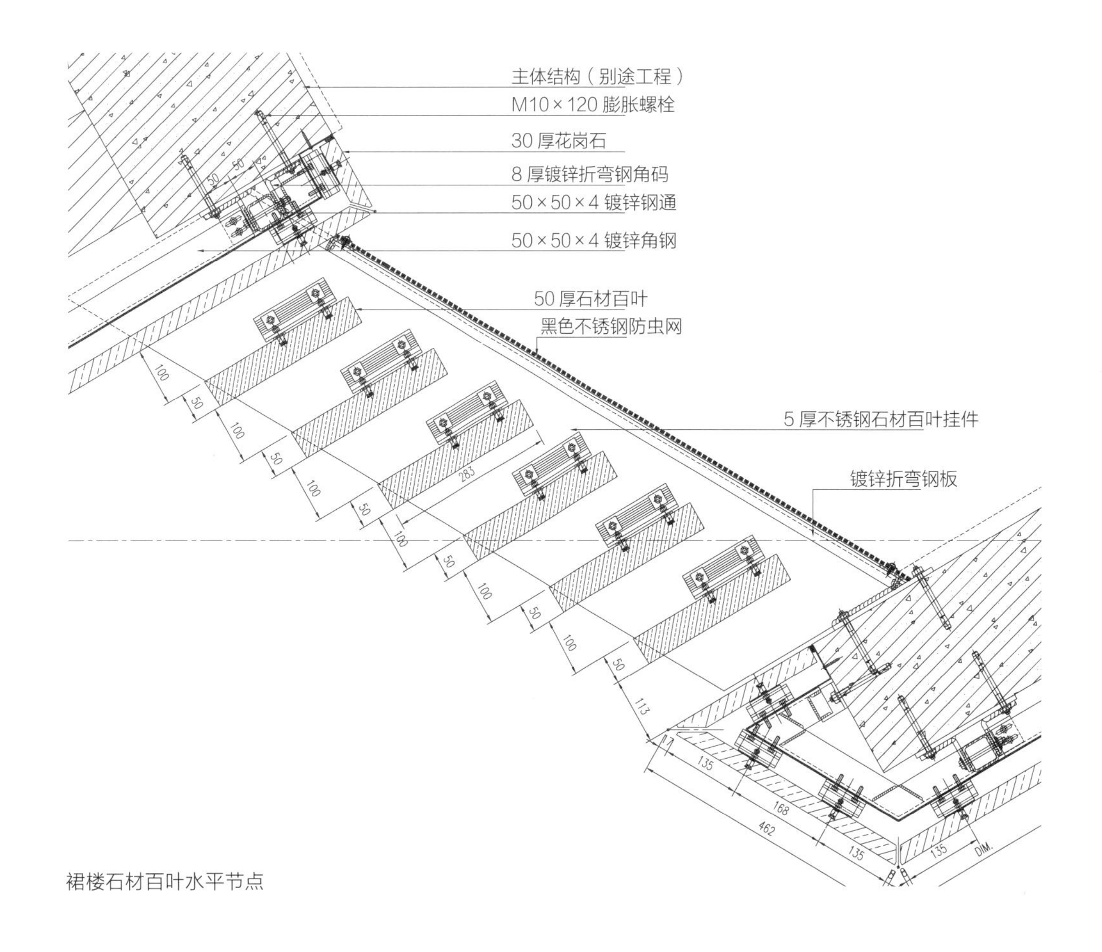

裙楼石材百叶水平节点

图书在版编目（CIP）数据

中华人民共和国成立70周年建筑装饰行业献礼．宝鹰装饰精品／中国建筑装饰协会组织编写；深圳市宝鹰建设集团股份有限公司编著．—北京：中国建筑工业出版社，2019.11
ISBN 978-7-112-24410-2

Ⅰ．①中…　Ⅱ．①中…　②深…　Ⅲ．①建筑装饰－建筑设计－深圳－图集　Ⅳ．①TU238-64

中国版本图书馆CIP数据核字（2019）第245885号

责任编辑：王延兵　郑淮兵　王晓迪
书籍设计：付金红　李永晶
责任校对：党　蕾

中华人民共和国成立70周年建筑装饰行业献礼
宝鹰装饰精品
中国建筑装饰协会　组织编写
深圳市宝鹰建设集团股份有限公司　编著
*
中国建筑工业出版社出版、发行（北京海淀三里河路9号）
各地新华书店、建筑书店经销
北京方舟正佳图文设计有限公司制版
北京雅昌艺术印刷有限公司印刷
*
开本：787×1092毫米　1/16　印张：$15\frac{1}{4}$　字数：376千字
2020年5月第一版　2020年5月第一次印刷
定价：200.00元
ISBN 978-7-112-24410-2
（33570）

版权所有　翻印必究
如有印装质量问题，可寄本社退换
（邮政编码 100037）